안쌤의
STEAM
+창의사고력
수학 100제

초등 3학년

시대에듀

안쌤의

STEAM
+창의사고력
수학 100제

초등 **3**학년

안쌤
영재교육연구소

안쌤 영재교육연구소 학습 자료실

샘플 강의와 정오표 등 여러 가지 학습 자료를 확인하세요~!

「안쌤의 STEAM + 창의사고력 수학 100제 초등 3~4학년」 도서를 가지고 계시다면
학습 자료실 문항 분류표를 확인하세요. 학년별 분권으로 기존 도서와 문항 내용이 동일합니다.

이 책을 펴내며

STEAM을 정의하자면 '과학(Science), 기술(Technology), 공학(Engineering), 수학(Mathematics)의 연계 교육을 통해 각 과목의 흥미와 이해 및 기술적 소양을 높이고 예술(Art)을 추가함으로써 융합사고력과 실생활 문제해결력을 배양하는 교육'이라 설명할 수 있습니다. 여기서 STEAM은 과학(S), 기술(T), 공학(E), 인문·예술(A), 수학(M)의 5개 분야를 말합니다.

STEAM은 일상생활에서 마주할 수 있는 내용을 바탕으로 다양한 분야의 지식과 시선으로 학생의 흥미와 창의성을 이끌어 내는 것입니다. 학교에서는 이미 누군가 완성해 놓은 지식과 개념을 정해진 순서에 따라 배워야 합니다. 또한, 지식은 선생님의 강의를 통해 학생들에게 전달되므로 융합형의 내용을 접하기도, 학생들 스스로 창의성을 발휘하기도 어려운 것이 사실입니다.

『STEAM + 창의사고력 수학 100제』를 통해 수학을 바탕으로 다양한 분야의 지식과 STEAM 문제를 접할 수 있습니다. 수학 문제를 통한 수학적 지식뿐만 아니라 현상이나 사실을 수학적으로 분석하고, 추산하며 다양한 아이디어를 내어 창의성을 기를 수 있습니다. 『STEAM + 창의사고력 수학 100제』가 학생들에게 조금 더 쉽고, 재미있게 STEAM을 접할 수 있는 기회가 되었으면 합니다.

영재교육원 선발을 비롯한 여러 평가에서 STEAM을 바탕으로 한 융합사고력과 창의성이 평가의 핵심적인 기준으로 활용되고 있습니다. 이러한 평가에 따른 다양한 내용과 문제를 접해 보는 것은 학생들의 실력을 높이는 데 중요한 경험이 될 것입니다.

> **"** 아무것도 아닌 것 같은 당연한 사실도
> 수학이라는 안경을 쓰고 보면 새롭게 보인다. **"**

강의 중 자주 하는 말입니다.
『STEAM + 창의사고력 수학 100제』가 학생들에게 새로운 사실을 보여 주는 안경이 되기를 바랍니다.

안쌤 영재교육연구소 수달쌤 이상호

영재교육원에 대해 궁금해 하는 Q&A

No.1 안쌤이 생각하는 대학부설 영재교육원과 교육청 영재교육원의 차이점

Q 어느 영재교육원이 더 좋나요?

A 대학부설 영재교육원이 대부분 더 좋다고 할 수 있습니다. 대학부설 영재교육원은 대학 교수님 주관으로 진행하고, 교육청 영재교육원은 영재 담당 선생님이 진행합니다. 교육청 영재교육원은 기본 과정, 대학부설 영재교육원은 심화 과정, 사사 과정을 담당합니다.

Q 어느 영재교육원이 들어가기 쉽나요?

A 대부분 대학부설 영재교육원이 더 합격하기 어렵습니다. 대학부설 영재교육원은 9~11월, 교육청 영재교육원은 11~12월에 선발합니다. 먼저 선발하는 대학부설 영재교육원에 대부분의 학생들이 지원하고 상대평가로 합격이 결정되므로 경쟁률이 높고 합격하기 어렵습니다.

Q 선발 요강은 어떻게 다른가요?

A

대학부설 영재교육원은 대학마다 다양한 유형으로 진행이 됩니다.	교육청 영재교육원은 지역마다 다양한 유형으로 진행이 됩니다.
1단계 서류 전형으로 자기소개서, 영재성 입증자료 **2단계** 지필평가 (창의적 문제해결력 평가(검사), 영재성판별검사, 창의력검사 등) **3단계** 심층면접(캠프전형, 토론면접 등) 지원하고자 하는 대학부설 영재교육원 요강을 꼭 확인해 주세요.	GED 지원단계 자기보고서 포함 여부 **1단계** 지필평가 (창의적 문제해결력 평가(검사), 영재성검사 등) **2단계** 면접 평가(심층면접, 토론면접 등) 지원하고자 하는 교육청 영재교육원 요강을 꼭 확인해 주세요.

No.2 교재 선택의 기준

Q 현재 4학년이면 어떤 교재를 봐야 하나요?

A 교육청 영재교육원은 선행 문제를 낼 수 없기 때문에 현재 학년에 맞는 교재를 선택하시면 됩니다.

Q 현재 6학년인데, 중등 영재교육원에 지원합니다. 중등 선행을 해야 하나요?

A 현재 6학년이면 6학년과 관련된 문제가 출제됩니다. 중등 영재교육원이라 하는 이유는 올해 합격하면 내년에 중 1이 되어 영재교육원을 다니기 때문입니다.

Q 대학부설 영재교육원은 수준이 다른가요?

A 대학부설 영재교육원은 대학마다 다르지만 1~2개 학년을 더 공부하는 것이 유리합니다.

No.3 지필평가 유형 안내

Q 영재성검사와 창의적 문제해결력 검사는 어떻게 다른가요?

A 과거

영재성 검사	+	학문적성 검사	=	창의적 문제해결력 검사
언어창의성 수학창의성 수학사고력 과학창의성 과학사고력		수학사고력 과학사고력 창의사고력		수학창의성 수학사고력 과학창의성 과학사고력 융합사고력

현재

영재성 검사	창의적 문제해결력 검사
일반창의성 수학창의성 수학사고력 과학창의성 과학사고력	수학창의성 수학사고력 과학창의성 과학사고력 융합사고력

지역마다 실시하는 시험이 다릅니다.
서울: 창의적 문제해결력 검사
부산: 창의적 문제해결력 검사(영재성검사＋학문적성검사)
대구: 창의적 문제해결력 검사
대전＋경남＋울산: 영재성검사, 창의적 문제해결력 검사

No.4 영재교육원 대비 파이널 공부 방법

Step1 자기인식

자가 채점으로 현재 자신의 실력을 확인해 주세요. 남은 기간 동안 효율적으로 준비하기 위해서는 현재 자신의 실력을 확인해야 합니다. 남은 기간이 많지 않았다면 빨리 지필평가에 맞는 교재를 준비해 주세요.

Step2 답안 작성 연습

지필평가 대비로 가장 중요한 부분은 답안 작성 연습입니다. 모든 문제가 서술형이라서 아무리 많이 알고 있고, 답을 알더라도 답안을 제대로 작성하지 않으면 점수를 잘 받을 수 없습니다. 꼭 답 쓰는 연습을 해 주세요. 자가 채점이 많은 도움이 됩니다.

안쌤이 생각하는 **자기주도형 수학 학습법**

변화하는 교육정책에 흔들리지 않는 것이 자기주도형 학습법이 아닐까?
입시 제도가 변해도 제대로 된 학습을 한다면 자신의 꿈을 이루는 데 걸림돌이 되지 않는다!

독서 ▶ 동기 부여 ▶ 공부 스타일로
공부하기 위한 기본적인 환경을 만들어야 한다.

1단계 독서

'빈익빈 부익부'라는 말은 지식에도 적용된다. 기본적인 정보가 부족하면 새로운 정보도 의미가 없지만, 기본적인 정보가 많으면 새로운 정보를 의미 있는 정보로 만들 수 있고, 기본적인 정보와 연결해 추가적인 정보(응용 · 창의)까지 쌓을 수 있다. 그렇기 때문에 먼저 기본적인 지식을 쌓지 않으면 아무리 열심히 공부해도 과학 과목에서 높은 점수를 받기 어렵다. 기본적인 지식을 많이 쌓는 방법으로는 독서와 다양한 경험이 있다. 그래서 입시에서 독서 이력과 창의적 체험활동(www.neis.go.kr)을 보는 것이다.

2단계 동기 부여

인간은 본인의 의지로 선택한 일에 책임감이 더 강해지므로 스스로 적성을 찾고 장래를 선택하는 것이 가장 좋다. 스스로 적성을 찾는 방법은 여러 종류의 책을 읽어서 자기가 좋아하는 관심 분야를 찾는 것이다. 자기가 원하는 분야에 관심을 갖고 기본 지식을 쌓다 보면, 쌓인 기본 지식이 학습과 연관되면서 공부에 흥미가 생겨 점차 꿈을 이루어 나갈 수 있다. 꿈과 미래가 없이 막연하게 공부만 하면 두뇌의 반응이 약해진다. 그래서 시험 때까지만 기억하면 그만이라고 생각하는 단순 정보는 시험이 끝나는 순간 잊어버린다. 반면 중요하다고 여긴 정보는 두뇌를 강하게 자극해 오래 기억된다. 살아가는 데 꿈을 통한 동기 부여는 학습법 자체보다 더 중요하다고 할 수 있다.

3단계 공부 스타일

공부하는 스타일은 학생마다 다르다. 예를 들면, '익숙한 것을 먼저 하고 익숙하지 않은 것을 나중에 하기', '쉬운 것을 먼저 하고 어려운 것을 나중에 하기', '좋아하는 것을 먼저 하고, 싫어하는 것을 나중에 하기' 등 다양한 방법으로 공부를 하다 보면 자신에게 맞는 공부 스타일을 찾을 수 있다. 자신만의 방법으로 공부를 하면 성취감을 느끼기 쉽고, 어떤 일이든지 자신 있게 해낼 수 있다.

어느 정도 기본적인 환경을 만들었다면
이해 - 기억 - 복습의 자기주도형 3단계 학습법으로
창의적 문제해결력을 키우자.

1단계 이해

단원의 전체 내용을 쭉 읽어본 뒤, 개념 확인 문제를 풀면서 중요 개념을 확인해 전체적인 흐름을 잡고 내용 간의 연계(마인드맵 활용)를 만들어 전체적인 내용을 이해한다.

개념을 오래 고민하고 깊이 이해하려고 하는 습관은 스스로에게 질문하는 것에서 시작된다.

[이게 무슨 뜻일까? / 이건 왜 이렇게 될까? / 이 둘은 뭐가 다르고, 뭐가 같을까? / 왜 그럴까?]

막히는 문제가 있으면 먼저 머릿속으로 생각하고, 끝까지 이해가 안 되면 답지를 보고 해결한다. 그래도 모르겠으면 여러 방면 (관련 도서, 인터넷 검색 등)으로 이해될 때까지 찾아보고, 그럼에도 이해가 안 된다면 선생님께 여쭤 보라. 이런 과정을 통해서 스스로 문제를 해결하는 능력이 키워진다.

2단계 기억

암기해야 하는 부분은 의미 관계를 중심으로 분류해 전체 내용을 조직한 후 자신의 성격이나 환경에 맞는 방법, 즉 자신만의 공부 스타일로 공부한다. 이때 노력과 반복이 아닌 흥미와 관심으로 시작하는 것이 중요하다. 그러나 흥미와 관심만으로는 힘들 수 있기 때문에 단원과 관련된 수학 개념이 사회 현상이나 문제해결에 어떻게 활용되고 있는지를 알아보면서 자연스럽게 다가 가는 것이 좋다.

그리고 개념 이해를 요구하는 단원은 기억 단계를 필요로 하지 않기 때문에 이해 단계에서 바로 복습 단계로 넘어가면 된다.

3단계 복습

수학에서의 복습은 여러 유형의 문제를 풀어 보는 것이다. 이렇게 할 때 교과서에 나온 개념과 원리를 제대로 이해할 수 있을 것이다. 기본 교재(내신 교재)의 문제와 심화 교재(창의사고력 교재)의 문제를 풀면서 문제해결력과 창의성을 키우는 연습을 한 다면 수학에서 좋은 점수를 받을 수 있을 것이다.

마지막으로 과목에 대한 흥미를 바탕으로 정서적으로 안정적인 상태에서 낙관적인 태도로 자신감 있게 공부하는 것이 가장 중요하다.

안쌤 영재교육연구소 대표 **안 재 범**

안쌤이 생각하는 영재교육원 대비 전략

1. 학교 생활 관리: 담임교사 추천, 학교장 추천을 받기 위한 기본적인 관리

- 교내 각종 대회 대비 및 창의적 체험활동(www.neis.go.kr) 관리
- 독서 이력 관리: 교육부 독서교육종합지원시스템 운영

2. 흥미 유발과 사고력 향상: 학습에 대한 흥미와 관심을 유발

- 퍼즐 형태의 문제로 흥미와 관심 유발
- 문제를 해결하는 과정에서 집중력과 두뇌 회전력, 사고력 향상

▲ 안쌤의 사고력 수학 퍼즐 시리즈 (총 14종)

3. 교과 선행: 학생의 학습 속도에 맞춰 진행

- '교과 개념 교재 ➡ 심화 교재'의 순서로 진행
- 현행에 머물러 있는 것보다 학생의 학습 속도에 맞는 선행 추천

4. 수학, 과학 과목별 학습

- 수학, 과학의 개념을 이해할 수 있는 문제해결력 향상

▲ 안쌤의 STEAM + 창의사고력
수학 100제 시리즈

(초등 1, 2, 3, 4, 5, 6학년)

▲ 안쌤의 STEAM + 창의사고력
과학 100제 시리즈

(초등 1, 2, 3, 4, 5, 6학년)

5. 융합사고력 향상

• 융합사고력을 향상시킬 수 있는 문제해결로 구성

◀ 안쌤의 수 · 과학 융합 특강

6. 지원 가능한 영재교육원 모집 요강 확인

• 지원 가능한 영재교육원 모집 요강을 확인하고 지원 분야와 전형 일정 확인
• 지역마다 학년별 지원 분야가 다를 수 있음

7. 지필평가 대비

• 평가 유형에 맞는 교재 선택과 서술형 답안 작성 연습 필수

▲ 영재성검사 창의적 문제해결력
모의고사 시리즈
(초등 3~4, 5~6, 중등 1~2학년)

▲ SW 정보영재 영재성검사
창의적 문제해결력 모의고사 시리즈
(초등 3~4, 초등 5~중등 1학년)

8. 탐구보고서 대비

• 탐구보고서 제출 영재교육원 대비

◀ 안쌤의 신박한 과학 탐구보고서

9. 면접 기출문제로 연습 필수

• 면접 기출문제와 예상문제에 자신
만의 답변을 글로 정리하고, 말로
표현하는 연습 필수

◀ 안쌤과 함께하는 영재교육원 면접 특강

안쌤 영재교육연구소 **수학 · 과학** 학습 진단 검사

수학 · 과학 학습 진단 검사란?

수학 · 과학 교과 학년이 완료되었을 때 개념이해력, 개념응용력, 창의력, 수학사고력, 과학탐구력, 융합사고력 부분의 학습이 잘 되었는지 진단하는 검사입니다.

영재교육원 대비를 생각하시는 학부모님과 학생들을 위해, 수학 · 과학 학습 진단 검사를 통해 영재교육원 대비 커리큘럼을 만들어 드립니다.

검사지 구성

과학 13문항	• 다답형 객관식 8문항 • 창의력 2문항 • 탐구력 2문항 • 융합사고력 1문항	
수학 20문항	• 수와 연산 4문항 • 도형 4문항 • 측정 4문항 • 확률/통계 4문항 • 규칙/문제해결 4문항	

수학 · 과학 학습 진단 검사 진행 프로세스

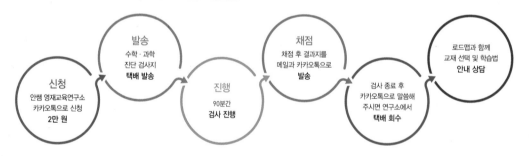

신청
안쌤 영재교육연구소
카카오톡으로 신청
2만 원

발송
수학 · 과학
진단 검사지
택배 발송

진행
90분간
검사 진행

채점
채점 후 결과지를
메일과 카카오톡으로
발송

검사 종료 후
카카오톡으로 말씀해
주시면 연구소에서
택배 회수

로드맵과 함께
교재 선택 및 학습법
안내 상담

수학 · 과학 학습 진단 학년 선택 방법

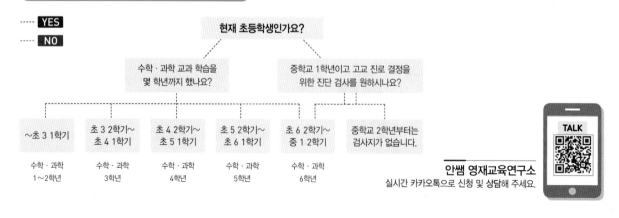

---- YES
---- NO

현재 초등학생인가요?

수학 · 과학 교과 학습을
몇 학년까지 했나요?

중학교 1학년이고 고교 진로 결정을
위한 진단 검사를 원하시나요?

~초 3 1학기	초 3 2학기~ 초 4 1학기	초 4 2학기~ 초 5 1학기	초 5 2학기~ 초 6 1학기	초 6 2학기~ 중 1 2학기	중학교 2학년부터는 검사지가 없습니다.
수학 · 과학 1~2학년	수학 · 과학 3학년	수학 · 과학 4학년	수학 · 과학 5학년	수학 · 과학 6학년	

TALK

안쌤 영재교육연구소
실시간 카카오톡으로 신청 및 상담해 주세요.

이 책의 구성과 특징

창의사고력 실력다지기 100제

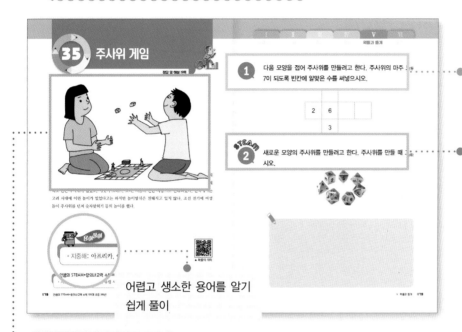

교과사고력 문제로 기본적인
교과 내용을 학습하는 단계

융합사고력 문제로 다양한 아
이디어와 원리 탐구를 통해
창의사고력 향상

어렵고 생소한 용어를 알기
쉽게 풀이

실생활에 쉽게 접할 수 있는
상황을 이용해 흥미 유발

영재성검사 창의적 문제해결력 기출문제

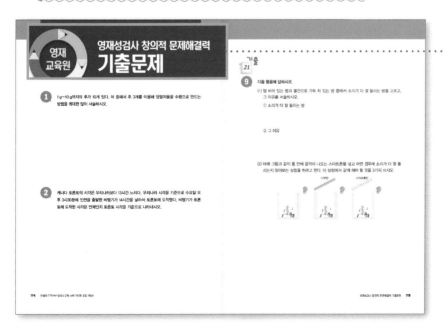

• 교육청 · 대학 · 과학고 부설
  영재교육원 영재성검사, 창
  의적 문제해결력 평가 최신
  기출문제 수록
• 영재교육원 선발 시험의 문
  제 유형과 출제 경향 예측

이 책의 차례

I

수와 연산

01 과일 값은 얼마?

정답 및 해설 02쪽

지혜는 좋아하는 과일을 사려고 과일 가게에 들렀다. 과일 가게 아주머니께서는 값이 저렴하고 싱싱한 **제철 과일**을 고르는 것이 좋다고 이야기하시며 신선한 과일을 고르는 방법을 알려주셨다. 여름이 제철인 참외는 색깔이 예쁘고 단단한 것이 신선한 것이고, 수박은 검은색의 줄무늬가 선명하고 꼭지가 마르지 않은 것이 신선한 것이라 하셨다. 또, 가을이 제철인 사과와 배는 껍질이 팽팽하고 광택이 흐르며 무게가 무거운 것이 과즙이 많고 신선한 것이고, 겨울이 제철인 감귤 역시 마찬가지라 하셨다. 설명을 모두 들은 지혜는 어떤 과일을 사야 할지 고민되었다.

 용어풀이

• 제철 과일: 알맞은 시절에 나는 과일

1 바나나 1송이에는 모두 12개의 바나나가 달려 있다. 바나나 1송이의 가격이 5000원이라 할 때, 바나나 1개의 가격은 얼마가 적당한지 그 이유와 함께 서술하시오.

STEAM

2 지혜는 여러 개의 사과가 담겨 있는 바구니에서 가장 큰 사과를 고르려고 한다. 저울을 사용하지 않고 가장 큰 사과를 고를 방법을 3가지 서술하시오.

자동차의 연비란 보통 1 L의 연료로 얼마나 갈 수 있는지를 나타내는 것으로, 연비가 높은 자동차일수록 적은 연료로 먼 거리를 갈 수 있어 연료비를 아낄 수 있다.

최근 1 L의 연료로 100 km를 달릴 수 있는 자동차가 소개되어 큰 관심을 끌고 있다. 우리가 타는 보통 자동차들이 1 L의 연료로 10 km 정도의 거리를 갈 수 있는 것과 비교해 보면 왜 이 자동차가 많은 관심을 끌고 있는지 알 수 있다. 이 자동차는 효과적으로 공기를 가를 수 있도록 설계되어 공기 저항이 적고, 가벼운 금속으로 만들어졌다. 또한, 전기 모터를 이용한 하이브리드 기술이 적은 연료로도 먼 거리를 갈 수 있는 핵심 기술이라고 한다.

 용어풀이

• 하이브리드 기술: 두 개 이상의 요소를 결합하는 기술. 내연 기관과 전기 모터를 함께 사용하여 움직이는 자동차를 하이브리드 자동차라 한다.

1 다음은 연비를 구하는 방법이다. 288 km를 가는 데 24 L의 연료가 필요한 자동차의 연비를 구하시오.

> **힌트**
>
> (연비)=(이동한 거리)÷(사용된 연료의 양)

STEAM 2 다음 <보기>는 자동차 A와 자동차 B의 가격과 연비를 비교한 것이다. 내가 만약 자동차를 산다면 어느 자동차를 선택할 것인지 그 이유와 함께 서술하시오. (단, 다른 기능은 모두 같습니다.)

> **보기**
>
> **[자동차 A]**
> • 가격: 3500만 원
> • 연비: 1 L로 15 km를 갈 수 있다.
>
> **[자동차 B]**
> • 가격: 3000만 원
> • 연비: 1 L로 10 km를 갈 수 있다.

03 농구 경기 속 분수

정답 및 해설 03쪽

농구는 두 팀이 같은 팀끼리 농구공을 주고받거나 드리블하여 상대방의 골대에 공을 넣어 득점을 얻는 운동경기이다. 한 팀당 5명의 선수로 구성되며 득점은 1점, 2점, 3점 슛이 있다. 경기 시간은 전반전 20분과 후반전 20분이다. 우리나라의 프로농구에서는 쿼터제로 경기를 진행하는데, 1경기는 4쿼터로 구성된다. 여기에서 쿼터(Quarter)는 영어로 $\frac{1}{4}$을 뜻하며 농구경기에서는 전체 경기 시간의 $\frac{1}{4}$을 1쿼터라 한다.

우리나라에서는 1997년 프로농구가 창설되어 대표적인 겨울 스포츠로 자리 잡게 되었다.

• 드리블: 농구 경기에서 손을 이용해 공을 바닥에 튕기며 몰고 가는 기술

1 쿼터제로 진행되는 농구 경기의 총 경기 시간이 52분일 때, 1쿼터의 경기 시간은 몇 분인지 계산하시오.

 2 쿼터와 같이 $\frac{1}{4}$ 과 연관이 있는 단어를 5가지 쓰고, 그 관계를 설명하시오.

 힌트

직각(90°)은 360°의 $\frac{1}{4}$ 이다.

선긋기 곱셈법

정답 및 해설 03쪽

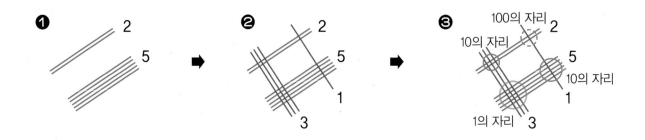

곱셈구구를 몰라도 곱셈을 할 수 있을까?

선긋기 곱셈법은 두 수의 곱을 직접 셈하지 않고 직선을 그려 답을 구하는 방법이다. 방법은 다음과 같다.

❶ 25×13을 하려면, 십의 자리 수인 2를 나타내기 위해 선 2개를 인접해서 긋고, 일의 자리 수인 5를 나타내기 위해 2개의 선과 약간 떨어진 곳에 선 5개를 다시 인접해서 긋는다.

❷ ❶에서와 같은 방법으로 13을 선으로 나타낸다. 단, 과정 ❶에서 그린 선과 직각으로 교차하도록 긋는다.

❸ 교차점을 센다. 100의 자리는 2개, 10의 자리는 6+5=11개, 1의 자리는 15개로, 모두 더하면 200+110+15=325다.

 용어풀이

• 곱셈구구: 1부터 9까지 두 수를 곱한 값을 나타낸 것

1 선긋기 곱셈법으로 119×345를 풀이 과정과 함께 구하시오.

STEAM 2 일반적으로 곱셈을 계산할 때 선긋기 곱셈법을 사용하지 않는 이유를 2가지 쓰시오.

 **심장의 움직임**

정답 및 해설 04쪽

우왓!
팔딱 팔딱
맥박이 뛰고 있어.

우리가 살아있는 동안 심장은 항상 뛰고 있다. 동물이 살아있는지 죽었는지는 심장이 뛰는지 뛰지 않는지, 즉 심장의 움직임으로 구분할 수 있다. 심장의 움직임을 직접 확인할 수 있는 방법은 무엇일까? 가장 쉬운 방법은 가슴에 손을 얹고 심장의 움직임을 느껴 보는 것이다. 또한, 귀를 대고 심장이 뛰는 소리를 들어볼 수도 있다. 하지만 자신의 가슴에 귀를 대고 심장 소리를 듣는 것은 쉽지 않다. 심장의 움직임을 느낄 수 있는 또 다른 방법은 **맥박**을 찾아 손을 대 보는 것이다. 양쪽 손목이나 목, 귀의 뒷부분, 팔꿈치가 접히는 안쪽 부분 등에서 직접 맥박을 느껴볼 수 있다. 지금 맥박을 찾아 자신의 심장의 움직임을 느껴보자.

 **용어풀이**

- **맥박**: 심장 박동에 의해 혈관 벽이 받는 압력이 변해 생기는 주기적인 움직임
- **심박수**: 1분 동안 심장이 뛰는 횟수

자신의 손목이나 목에서 맥박을 찾아 1분 동안 몇 번이나 뛰는지 측정하시오.

 최대심박수는 운동을 통해 최대한 오를 수 있는 심박수로 '220 −(자신의 나이)'로 구할 수 있다. 자신의 최대심박수를 구하고 **1**에서 측정한 값과 차이가 나는 이유를 서술하시오.

06 최고의 실력, 양궁

정답 및 해설 04쪽

올림픽이나 세계선수권대회, 아시아경기대회를 통해 우리가 흔히 볼 수 있는 양궁 경기는 정해진 거리에서 정해진 수의 화살로 표적을 쏜 뒤 점수를 계산하는 방식으로 진행된다. 개인전의 경우 표적과의 거리는 남자는 90 m, 70 m, 50 m, 30 m이고, 여자는 70 m, 60 m, 50 m, 30 m로 각 거리마다 36발씩 144발(1,440점 만점)을 쏘아 예선전을 치른 다음 64강을 순위대로 선발, **토너먼트전** 방식으로 경기를 하여 우승자를 가린다.

우리나라 양궁은 1984년 올림픽에서 처음으로 금메달을 차지한 것을 시작으로 세계 최고의 실력을 자랑하고 있다. 세계 대회보다 우리나라 대표 선발전이 더 어렵다고 할 정도의 수준이라면 그 수준을 가늠해 볼 수 있지 않을까?

 용어풀이

- **토너먼트전**: 승리한 사람이나 팀만이 2, 3, 4회전으로 올라가 최종 우승자를 가리는 경기 진행 방식

1 우리나라 선수가 3발의 화살을 쏘아 얻은 점수는 27점이다. 3발을 쏘아 27점이 되는 경우를 모두 쓰시오. (단, 한 발당 최고 점수는 10점이다.)

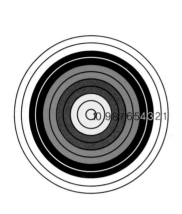

STEAM 2 다음은 이나와 요섭이의 양궁 경기 결과로 두 사람의 점수는 같다. 두 사람 중 이긴 사람을 고르고, 그 이유를 설명하시오.

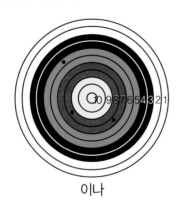 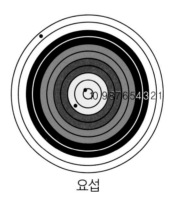

이나   요섭

정답 및 해설 05쪽

2015년 8월 1일부터 우편번호가 여섯 자리에서 다섯 자리로 바뀌었다. 우정사업본부는 도로명주소 시행 정착에 맞추어 우편업무의 효율적 추진과 국민 편의 증진을 위해 새로운 우편번호 체계를 도입했다. 여섯 자리 우편번호는 읍·면·동 및 집배원별 담당 구역을 나타냈다. 다섯 자리 우편번호는 서울부터 북서→남동 방향으로 제주까지 순차적으로 부여해 앞의 세 자리까지는 시·군·구 단위를 나타내고, 뒤의 두 자리는 일련번호로 구성되어, 총 3만 4천여 개로 정했다. 다섯 자리 우편번호를 사용하면 집배원의 배달 경로가 최적화되어 우편물을 신속하고 정확하게 배달할 수 있으며, 모든 공공기관이 동일한 구역번호를 사용해 위치 찾기가 더 쉬워진다.

 **용어풀이**

• 우편번호: 우편물을 쉽게 분류하고 신속한 배달을 위하여 지역마다 매긴 번호로, 우리나라에서는 1970년 7월 1일부터 실시되었다.

1 물건의 가격을 나타내는 다섯 자리 수 45230과 다섯 자리 우편번호 03187의 공통점과 차이점을 서술하시오.

2 우편물에 주소를 적는데도 불구하고 우편번호를 함께 적는 이유는 무엇인지 서술하시오.

08 착한 균? 나쁜 균!

정답 및 해설 05쪽

미생물은 너무 작아서 눈으로 볼 수 없는 아주 작은 생물로 보통 세균, 효모, 곰팡이 등을 말한다. 그중 세균은 우리 몸에 질병을 일으켜 인간에게 해로운 존재로 알려져 있다. 실제로 상한 음식을 먹으면 식중독에 걸리는 것은 **포도상구균**이라는 세균에 의한 것이다. 하지만 유산균과 효모균과 같은 착한 균들도 있다. 유산균은 치즈나 요구르트, 김치 등의 발효 식품을, 효모균은 빵, 맥주, 포도주 등을 만드는 데 사용된다. 이러한 균들은 1000배 정도로 확대해야 겨우 우리 눈에 보이는 크기이므로 얼마나 작은지 짐작해 볼 수 있다.

 용어풀이

- **포도상구균**: 널리 분포하는 균의 하나로 식중독뿐만 아니라 각종 염증의 원인이 되는 균이다. 모양이 포도송이와 같아서 포도상구균이라 불린다.

1 어떤 연구소의 연구 결과 특정한 환경에서 유산균의 수는 2시간마다 2배로 늘어난다고 한다. 특정한 환경에서 1마리의 유산균은 하루가 지나면 몇 마리가 될지 계산하시오.

STEAM

2 유산균과 효모균을 착한 균이라 한다. 착한 균의 조건을 서술하시오.

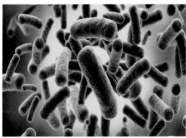

▲ 유산균

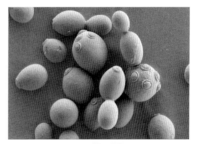

▲ 효모균

 **유튜브(YouTube)**

정답 및 해설 06쪽

여러분은 유튜브(YouTube)를 본 적이 있나요?

유튜브는 누구나 동영상을 자유롭게 올리고 시청할 수 있도록 만든 세계 최대 규모의 영상 웹사이트이다. 유튜브(YouTube)라는 명칭은 사용자를 가리키는 'You'와 미국 영어에서 텔레비전의 별칭으로 사용되는 'Tube'를 더한 것이라 한다. 유튜브는 2005년 2월 14일 처음 사이트가 만들어졌으며 그해 4월 23일 첫 영상이 **업로드**되었다. 유튜브는 오늘날 누구나 자신이 만든 영상을 올리고 필요한 정보를 찾아보는 대표적인 동영상 사이트이다.

 **용어풀이**

• **업로드**: 어떠한 시스템에 자신이 가진 파일이나 영상과 같은 자료를 이동시키는 작업

1 다음은 우리나라의 유명한 가수의 동영상 총 조회 수이다. 총 조회 수는 몇 회인지 읽으시오.

조회 수 3,236,830,316회

2 유튜브 영상의 총 조회 수와 같이 억 이상의 큰 수가 사용되는 경우를 5가지 쓰시오.

정답 및 해설 06쪽

우리는 흔히 인체 비율이나 체형이 좋은 사람을 8등신이라 부른다. 8등신이란 몸 전체의 길이가 머리 길이의 8배가 되는 사람을 말하며, 대개 이 비율을 가장 이상적인 인체 비율이라 생각한다. 실제로 이 비율을 만족하는 사람은 많지 않다고 한다.

만화 캐릭터들은 현실에서는 불가능한 독특한 인체의 비율로 캐릭터의 성격을 드러낸다. 3등신의 경우 귀엽고 어린이 같은 느낌을 주고, 7등신의 경우 실제 사람과 비슷한 사실적인 느낌을 준다.

용어풀이

• 만화 캐릭터: 만화에 나오는 주인공과 인물

1 머리 길이가 17 cm인 8등신의 캐릭터가 있다. 이 캐릭터의 키를 계산하시오.

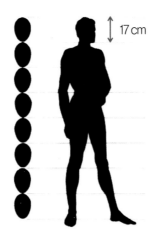

STEAM 2 실제 인체의 비율이 8등신은 아니지만 8등신으로 보일 수 있는 방법을 서술하시오.

Ⅱ
도형

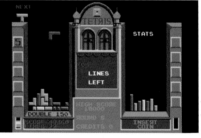

테트리스 게임은 1984년 러시아의 29세 컴퓨터 프로그래머가 개발한 게임이다. 누구나 쉽게 즐길 수 있는 테트리스는 전 세계적으로 급속히 퍼지면서 가장 오랫동안 사랑받아 온 게임이 되었다. 테트리스(Tetris)는 그리스 숫자 '4'를 나타내는 'Tetra'와 개발자가 좋아했던 테니스(Tennis)를 결합한 것이다. 테트리스는 정사각형 5개로 이루어진 도형인 **펜토미노**를 단순화시켜 4개의 정사 각형을 붙인 테트로미노로 바꾸고 조각의 모양을 7로 제한했다. 게임 방법은 위에서 떨어지는 서로 다른 모양의 7개의 조각을 차곡차곡 쌓아 한 줄을 채우고 그 줄이 없어지면 점수를 얻는 것이다. 조각은 7개지만 밀거나 돌릴 수 있어 다양한 모양을 만들 수 있다.

• 펜토미노: 정사각형 5개를 이어 붙여 만든 도형

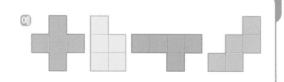
예

정사각형 4개를 변끼리 이어 붙여 만든 도형을 테트로미노라 한다. 테트로미노의 모양을 모두 그리시오. (단, 뒤집거나 돌려서 같은 모양의 도형은 같은 도형으로 본다.)

STEAM
2 테트리스와 같이 테트로미노를 이용해 할 수 있는 게임을 만들고, 게임 방법을 서술하시오.

우리나라의 태극기는 세계 어떤 국기와도 다른 독창적인 무늬를 지녔다. 각 무늬는 수학적으로 명확한 원리를 담고 있으면서도 복잡하지 않다. 태극기는 흰색 바탕에 가운데 태극 무늬와 '건곤 감리'라고 하는 4괘가 자리 잡고 있다. 태극 무늬는 양을 나타내는 빨간색과 음을 나타내는 파란 색으로 음양의 조화를 나타낸다. 4괘에서 건은 하늘, 곤은 땅, 감은 물, 리는 불을 뜻하는데, 태 극 무늬와 함께 끝없이 변하고 발전하는 민족의 꿈을 담았다고 한다.

- 건곤감리: 건(하늘 乾), 곤(땅 坤), 감(구덩이 坎), 리(떨어질 離). 하늘과 땅, 물과 불을 상징 한다.

1 다음 태극기에서 찾을 수 있는 다양한 수학적 원리를 3가지 쓰시오.

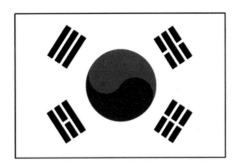

2 태극기는 우리나라, 대한민국을 상징한다. 자신을 상징하는 것을 1가지 정하고, 그 이유를 서술하시오.

연약한 재료로 만들어졌음에도 외부의 힘에 튼튼하게 버틸 수 있도록 만들어진 여러 구조가 있다. 그중 **허니콤 구조**는 꿀벌이 만든 벌집과 같은 형태의 구조이다. 허니콤 구조는 버티는 힘이 아주 강해서 골판지를 허니콤 구조로 만들면 그 위에 자동차를 올려도 버틸 수 있다고 한다. 허니콤 구조의 신비는 2000년 동안 풀리지 않다가 1965년 헝가리의 한 수학자에 의해 밝혀졌다. 꿀벌이 만든 벌집에 꿀을 저장하면 벌집 무게의 30배에 달하는 꿀을 저장할 수 있다. 허니콤 구조는 넓이와 만드는 재료를 고려할 때, 가장 합리적이며 경제적인 모양이다.

▲ 허니콤 구조

용어풀이

• 허니콤 구조: 꿀벌의 벌집 모양을 본떠 만든 육각형 모양의 구조

1 다음 세 도형의 넓이는 모두 같다. 길이가 12 m인 길이의 끈으로 세 도형 중 어떤 모양을 만들어야 가장 넓은 평면도형을 만들 수 있는지 서술하시오.

2 허니콤 구조의 특징을 활용할 수 있는 아이디어를 3가지 서술하시오.

빨강, 파랑, 노랑의 3가지 색으로 된 면과 검은색의 선만으로 이루어진 작품이 있다. 종이 위에 어떤 형상을 나타내려는 노력도 없이 3원색의 사각형을 두께를 약간씩 달리하는 검은 선으로 구분 지어 놓은 이 그림을 보고 어떤 사람들은 '이것도 그림인가?'라고 생각할지도 모른다.

〈빨강, 파랑, 노랑의 구성〉은 네덜란드 출신의 피에트 몬드리안의 작품이다. 몬드리안은 색의 3원색과 흰색, 검은색, 그리고 수평과 수직의 선들을 이용해 모든 사물의 본질을 나타낼 수 있다고 믿었다.

• **색의 3원색**: 빨강, 파랑, 노랑의 3가지 색, 3가지 색을 섞으면 가장 많은 수의 색깔을 만들어 낼 수 있어 색의 3원색이라 한다.

1 몬드리안의 〈빨강, 파랑, 노랑의 구성〉에서 크기와 모양이 서로 다른 사각형은 모두 몇 개를 찾을 수 있는지 구하시오.

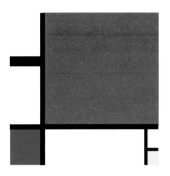

STEAM

2 크기와 모양이 서로 다른 사각형을 빠짐없이 모두 찾을 방법을 서술하시오.

정답 및 해설 09쪽

몇 개의 직선을 이용해 한 평면에 연속된 삼각형의 뼈대 구조로 조립한 것을 트러스(Truss)라 하고, 트러스 구조를 이용해 만든 다리를 트러스교라 한다. 트러스교는 폭이 50~100 m 정도에 적당한 다리 구조로 비교적 적은 양의 재료를 사용해 튼튼한 다리를 만들 수 있다. 이러한 특징으로 트러스교는 해협이나 산간의 계곡 등에 적합하다. 최근에는 기술의 발전으로 훨씬 긴 길이의 트러스교도 만들 수 있다. 한강 철교는 우리나라의 대표적인 트러스교이다.

▲ 다리의 구조

• 해협: 육지 사이에 끼여 있는 좁고 긴 바다

1 한강 철교와 같은 트러스교에 삼각형이 사용된 이유는 무엇인지 서술하시오.

STEAM
2 건축가 성현이는 다리를 만들고 있다. 다음 다리에 삼각형의 원리를 이용해 튼튼한 다리를 만들 방법을 그림으로 그리시오.

북유럽의 국가인 노르웨이의 정식 국가 명칭은 노르웨이왕국(The Kingdom of Norway)이다. 자국령을 제외한 국토의 면적은 38만 5207 km²이고, 총 인구는 2022 통계청 기준으로 551만 명이다. 이것은 유럽에서 아이슬란드 다음으로 낮은 인구 밀도이다. 수도는 오슬로(Oslo)이며, 수도의 인구는 약 65만 명이다. 노르웨이의 기후는 전체적으로 겨울이 길고 여름이 짧다. 겨울은 평균 기온이 −1~−2 ℃로 온화하며, 여름은 평균 기온이 9~17 ℃ 정도이다.

노르웨이 국기에는 재미있는 점이 있다. 노르웨이 국기에서 다른 여러 나라의 국기를 찾을 수 있다. 노르웨이 국기에 숨어있는 나라들을 찾아보자.

 **용어풀이**

• 인구 밀도: 단위 면적 당 인구 수의 비율

1 다음은 노르웨이 국기과 노르웨이 국기에서 찾을 수 있는 다른 여러 나라의 국기이다. 노르웨이 국기 위에 각 나라의 국기를 나타내시오.

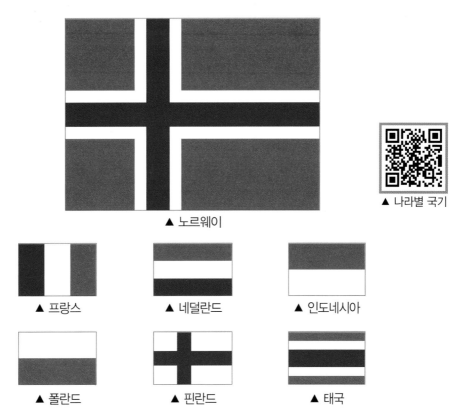

▲ 노르웨이

▲ 나라별 국기

▲ 프랑스　　　　▲ 네덜란드　　　　▲ 인도네시아

▲ 폴란드　　　　▲ 핀란드　　　　▲ 태국

STEAM 2 노르웨이 국기에서 찾을 수 있는 수학적 원리를 3가지 쓰시오.

III

측정

 # 규칙적인 생활

정답 및 해설 10쪽

여름 방학이나 겨울 방학을 앞두고 생활 계획표를 만들어 본 경험이 있을 것이다. 생활 계획표를 만드는 이유는 규칙적인 생활을 하기 위해서이다. 매일 학교에 가지 않는 방학 동안에도 학교에 가는 것과 같이 규칙적인 생활을 하고, 자신의 할 일과 하루의 계획을 미리 정해보는 것은 매우 중요한 일이다.

청소년기의 규칙적인 생활은 더욱 중요하다. 청소년기에 몸에 밴 습관은 오래도록 지속할 가능성이 높기 때문이다. 또, 규칙적인 생활은 건강과 학습, 성장에도 도움이 된다고 한다. 오늘부터라도 생활 계획표를 만들어 규칙적인 생활을 위해 노력해 보자.

 용어풀이

• 생활 계획표: 하루의 계획을 적은 표나 그림

1 '십 년이면 강산이 변한다.'라는 속담은 십 년이라는 긴 세월이 흐르면 세상에 변하지 않는 것이 없다는 의미이다. 10년은 몇 시간인지 구하시오. (단, 2월 29일은 고려하지 않는다.)

STEAM

2 방학 동안 규칙적인 생활을 위해 생활 계획표를 만드시오.

18 지금 시각은?

정답 및 해설 10쪽

지금 이 시각 우리나라는 낮 12시이다. 하지만 우리나라 반대편에 위치한 미국 뉴욕은 우리나라보다 14시간이 느린 밤 10시이고, 호주 시드니는 우리나라보다 2시간이 빠른 오후 2시이다. 또, 인도 뉴델리는 우리나라보다 3시간이 느린 오전 9시이며, 영국 런던은 우리나라보다 9시간이 느린 오전 3시이다. 따라서 지역에 따라 같은 시각을 사용할 수 없고 그 지역의 시각을 사용한다. 전 세계의 시각은 영국의 옛 그리니치 천문대를 지나는 자오선에 표준을 잡고 있다.

▲ 경도와 시차

- 시각: 시간의 어떤 한 지점으로, 어느 순간이다.
- 시간: 어느 시각과 시각 사이의 동안이다.
- 자오선: 세계 경도 설정의 기준이 되는 선

1 예훈이가 살고 있는 도시의 시각은 2일 오후 3시 57분이고, 창훈이가 살고 있는 도시의 시각은 3일 오전 1시 22분이다. 두 도시의 시각 차이(시차)를 구하시오.

2 다음은 대한민국 인천에서 미국 뉴욕으로 비행기를 타고 갈 때와 미국 뉴욕에서 비행기를 타고 대한민국 인천으로 올 때 출발 시각과 도착 시각을 나타낸 것이다. 대한민국 인천에서 출발 시각과 미국 뉴욕에서 도착 시각이 같은 이유를 서술하시오.

구분	대한민국 인천 → 미국 뉴욕	미국 뉴욕 → 대한민국 인천
출발 시간	11월 19일 10시 00분	12월 28일 10시 00분
도착 시간	11월 19일 10시 00분	12월 29일 14시 00분

정답 및 해설 11쪽

우리 조상들이 사용한 길이 단위에는 푼, 치, 자, 칸, 정, 리, 뼘, 발 등의 단위가 있다. 치는 손가락 한 마디의 길이로 약 3 cm이고, 푼은 치의 $\frac{1}{10}$의 길이이며, 자는 치의 10배의 길이이다. 칸은 자의 6배의 길이이고, 정은 칸의 60배의 길이이다. 리는 약 400 m의 길이로, 정의 3.6배의 길이이다. 주로 리는 먼 거리를 표현할 때 사용한 단위이다.

옛날에는 이처럼 다양한 길이의 단위가 사용되었고, 그 기준이 명확하지 않아 많은 불편이 있었다. 이러한 불편을 해결하고자 새로운 길이 단위가 만들어졌다. 지금 우리가 사용하는 길이 단위인 **미터법**은 1799년에 프랑스에서 처음 만들어졌고, 1875년에 여러 국가에서 이 미터법을 사용하자고 약속을 하면서 세계적으로 널리 쓰이게 되었다.

 용어풀이

• **미터법**: 국제 표준 길이 단위로, mm, cm, m, km를 사용한다.

1 푼은 치의 $\frac{1}{10}$ 의 길이이고, 자는 치의 10배의 길이이다. 368 푼을 자, 치, 푼으로 나타내시오.

STEAM 2 이나의 한 뼘의 길이는 15 cm이고, 수진이의 한 뼘의 길이는 17 cm이다. 두 사람이 의논하여 한 뼘의 길이를 정한다고 할 때, 한 뼘의 길이는 몇 cm로 정하는 것이 좋은지 서술하시오.

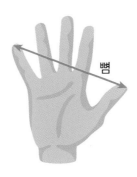

뼘

정답 및 해설 11쪽

'암행어사'하면 많은 사람이 마패를 떠올리지만, 마패는 그저 말을 빌리기 위한 물품일 뿐이고 진정한 암행어사의 상징은 바로 '유척'이다. 유척은 길이 246 mm, 폭 12 mm, 높이 15 mm인 긴 사각기둥 모양이다. 사각기둥으로 된 유척은 각 면에 다른 자를 새겨 자 하나를 다양한 용도로 쓸 수 있다. 각 면에는 악기 제조와 조율에 사용되는 '황종척', 옷감 거래 및 의복 제조에 사용되는 '포백척', 가옥과 성벽의 건축, 되와 말의 그릇 제조에 사용되는 '영조척', 왕궁품 및 제사 용기 등을 만드는 데 사용되는 '예기척'이 새겨져 있다. 예기척이 새겨진 곳에는 토지를 측량하고 조사하는 데 사용되는 '주척'이 함께 새겨져 있다. 암행어사는 유척을 지니고 지방을 돌아다니며 세금을 걷는 도구나 형벌 도구 등의 크기가 나라에서 정한 기준에 맞는지 측정해 백성의 억울함을 풀어주고 부패한 관리들을 심판했다.

▲ 유척

• 마패: 암행어사뿐만 아니라 조선 시대의 관리가 가지고 다니던 말이 그려진 표식. 마패를 보여주면 마패에 그려진 수만큼의 말을 빌려주었다.

1 유척 1개의 길이는 246 mm이다. 유척 5개를 연결한 길이는 몇 m 몇 cm인지 구하시오.

STEAM 2 유척에 새겨진 눈금과 간격 250개를 측정해 보면 지금의 자와 비교해도 눈금의 균일성과 정밀도에 차이가 없을 만큼 정확하다. 유척이 다른 어떤 자보다 정확해야 하는 이유를 서술하시오.

'되로 주고 말로 받는다.', '구슬이 서 말이라도 꿰어야 보배'와 같은 속담이 있다. 이 속담들에는 모두 부피의 단위가 나온다. 바로 '되'와 '말'이다. 속담에 나오는 '되'와 '말'은 모두 우리 조상들이 사용했던 부피의 단위이다. 지금은 mL나 L와 같은 단위를 사용하지만 옛날 우리 조상들은 '되'와 '말'과 같은 단위를 사용했으며, 그 흔적은 지금도 쉽게 찾을 수 있다. 곡식, 액체, 가루 따위의 분량을 재는 그릇을 '말'이라 한다. '말'은 '되'의 10배가 되는 단위이며, '되'는 두 손으로 움켜잡은 양을 의미한다. 되는 '홉'의 10배가 되는 단위이며, '홉'은 한 줌의 양을 의미한다. '말'은 부피의 단위 '리터'로 나타내면 약 18 L 정도가 된다.

- 홉: 한 손으로 움켜잡은 양에서 비롯된 부피 단위로 10홉은 1되가 된다.

1 다음 (　　　) 안에 알맞은 수를 써넣으시오.

> • 1 말 = (　　　) L = (　　　　　) mL
>
> • 1 되 = (　　　　　) mL

STEAM

2 '되로 주고 말로 받는다.'의 의미를 서술하시오.

정답 및 해설 12쪽

하루의 길이가 항상 일정한 것은 아니다. 지구는 스스로 한 바퀴씩 도는 자전을 하면서 동시에 태양 주위를 돌고 있다. 지구가 스스로 한 바퀴 도는 것을 지구의 자전이라 하고, 지구가 태양 주위를 한 바퀴 도는 것을 지구의 공전이라 한다. 우리는 태양이 남쪽 하늘 가장 높은 곳에 떴다가 다시 남쪽 하늘 가장 높은 곳에 뜨기까지 걸리는 시간을 하루라 한다. 하루의 길이는 매일매일 조금씩 달라진다. 하루의 길이가 가장 짧을 때는 하지(6월 21일경)로 23시간 59분 38초이고, 하루의 길이가 가장 길 때는 동지(12월 22일이나 23일경)로 24시간 30초이다. 일 년 동안 하루의 길이가 매일 달라지는 것은 지구의 자전 주기는 일정하지만, 지구가 태양 주위를 타원으로 돌기 때문이다.

 **용어풀이**

• 지구의 공전: 지구가 약 1년을 주기로 태양 주위를 도는 현상

1 하루의 길이가 가장 짧을 때는 23시간 59분 38초이고, 가장 길 때는 24시간 30초로 일정하지 않다. 하루의 길이가 가장 짧을 때와 가장 길 때의 차를 구하시오.

STEAM
2 현재 하루의 길이는 약 24시간이다. 만약 하루의 길이가 30시간으로 길어진다면 어떤 일이 일어날지 5가지 서술하시오.

23 시계가 없다면?

정답 및 해설 13쪽

시계는 시간의 흐름을 눈으로 볼 수 있도록 만든 기구이다. 옛날부터 시간의 변화를 알고 이를 표현하기 위한 다양한 방법들이 시도되었다. 태양의 움직임을 이용한 해시계나 물의 흐름을 이용한 물시계를 통해 시계 발달의 과정을 알아볼 수 있다. 오늘날에는 기술의 발달로 누구나 시계를 한 개씩 가지고 있으며, 집에는 방마다 시계를 두고 사용하고 있다.

다음은 고장 난 시계 때문에 지후가 겪은 일이다. 지후는 일요일 오전 10시에 놀이동산 앞에서 친구들을 만나기로 했다. 일요일 아침, 방에서 8시임을 확인한 후 씻기 위해 방을 나와 거실의 시계를 보고 깜짝 놀랐다. 거실의 시계가 이미 10시를 가리키고 있었기 때문이다. 고장 난 시계 때문에 놀이동산에 늦은 지후는 놀이동산에 가는 동안 시계가 없던 옛날에는 어떻게 시각을 알고 표현했을지 궁금했다. 시계가 없다면 약속을 어떻게 정할 수 있을까?

 용어풀이

- 해시계: 지구의 자전에 의해 물체의 그림자가 이동하는 것으로부터 시간을 측정하는 장치
- 물시계: 물의 증가나 감소로 시간을 측정하는 장치

1 지후가 친구들과 점심을 먹고 난 시각은 1시 38분이었다. 각자 타고 싶은 놀이기구를 타고 난 후 5시 10분에 다시 모이기로 했다. 지후가 놀이기구를 탈 수 있는 시간을 구하시오.

STEAM

2 시계가 없던 옛날에는 약속을 어떻게 정했을지 서술하시오.

사람은 잠들고 깨어나는 시기가 결정되는 각자의 생체시계가 있고, 생체시계에 따라 아침형 · 중간형 · 저녁형 인간의 3가지로 구분할 수 있다. 중간형 인간은 대부분 사람이 가지고 있는 패턴으로 11시경에 잠을 자기 시작해 7시경에 일어난다. 아침형 인간은 중간형 인간보다 일찍 잠들어 일찍 일어나며, 저녁형 인간은 중간형 인간보다 늦게 잠들어 늦게 일어난다.

'일찍 일어나는 새가 벌레를 잡는다.'라는 속담처럼 아침 일찍 일어나는 것이 모두에게 좋은 것일까? 꼭 그렇지는 않다고 한다. 사람마다 서로 다른 생체시계를 가지고 있기 때문에 늦게 일어나는 것이 좋은 결과를 가져온다는 연구 결과도 있다. 예를 들어 등교 시간을 2시간 늦춘 학교의 학생들이 건강해지고 성적이 오른 것이다.

나는 무슨 형의 인간인가?

▲ 생체시계

• 생체시계: 인체의 생체리듬을 주관하는 일종의 시계 같은 것

1 자신은 무슨 형의 인간이라 생각하는지 쓰고 그 이유를 서술하시오.

STEAM

2 등교 시간을 2시간 늦춘 학교의 학생들이 건강해지고 성적이 오른 이유를 서술하시오.

IV
규칙성

정답 및 해설 14쪽

천체 운행의 주기적이고 규칙적인 현상으로부터 시간의 흐름을 측정하는 방법을 '역법'이라 한다. 즉, 시간을 구분하고 날짜의 순서를 매겨 나가는 방법인데, 시간 단위를 정하는 기본이 된다. 역에 해당하는 것은 밤낮이 바뀌는 것과 4계절의 변화, 그리고 달의 위상 변화가 대표적이다. 태양과 지구, 달은 서로 밀고 당기면서 스스로 돌고 있다. 고대 천문학자들은 이러한 운동을 보고 하루나 한 달 또는 1년의 길이를 정했다. 년, 월, 일은 각각 독립된 3개의 주기인데, 이것들을 결합하는 방법에는 여러 가지가 있지만 결코 쉬운 일이 아니다. 이러한 주기를 결합해 년, 월, 일을 표시한 것이 지금 우리가 사용하는 달력이다.

▲ 달력의 역사

 **용어풀이**

• **위상 변화**: 위치에 따라 눈에 보이는 모양이 달라지는 것

달력의 날짜들은 일정한 규칙으로 배열되어 있다. 다음 11월 달력을 완성하시오.

일	월	화	수	목	금	토
					18	

STEAM
2

어느 해 12월의 수요일 날짜를 모두 더한 값이 58일 때, 12월 31일은 무슨 요일인지 풀이
과정과 함께 서술하시오.

정답 및 해설 14쪽

1, 2, 3, 4, 5,…와 같은 자연수는 1씩 커지는 규칙을 가지고 있다.

1, 3, 5, 7, 9,…와 같은 홀수는 2씩 커지는 규칙을 가지고 있다.

3, 6, 9, 12, 15, 18, …과 같이 곱셈구구의 3단은 3씩 커지는 규칙을 가지고 있다.

이와 같이 일정한 규칙을 가진 수들이 나열된 것을 수열이라 한다. 다양한 수들의 나열에서 그 규칙을 찾아내는 연습을 해 보자.

 **용어풀이**

• 수열: 일정한 규칙을 가진 수들의 나열

1 다음 <보기>와 같이 수를 일정한 규칙에 따라 배열했을 때, 배열된 규칙을 찾아 30번째 수를 구하는 방법을 서술하시오.

<보기>

| 1 | 3 | 6 | 10 | 15 | 21 | 28 | … |

STEAM 2 다음 <보기>의 수열의 규칙을 찾아 쓰고, 2589번째 수를 구하는 방법을 서술하시오.

<보기>

| 1 | 5 | 9 | 13 | 17 | 21 | … |

 **꼭짓점의 개수**

정답 및 해설 15쪽

삼각형은 3개의 변과 3개의 꼭짓점으로 이루어진 평면도형이다. 예은이는 여러 개의 삼각형을 만들어 변과 꼭짓점의 개수를 세어보았다. 이 모습을 본 창훈이가 예은이에게 삼각형의 변과 꼭짓점의 개수를 쉽게 알 수 있는 방법을 알려준다고 한다.

창훈이는 어떤 방법으로 많은 삼각형의 변과 꼭짓점의 개수를 알아낼 수 있었을까?

 **용어풀이**

- 변: 도형을 이루는 각각의 선분
- 꼭짓점: 변과 변이 만나는 점

1 다음과 같은 모양의 삼각형 7개의 변의 개수와 꼭짓점의 개수를 각각 구하시오.

STEAM 2 예은이가 펼쳐 놓은 삼각형들을 본 창훈이가 삼각형의 꼭짓점의 개수를 모두 합하면 166개라 했다. 창훈이의 말이 맞는지 틀린지 이유와 함께 서술하시오.

정답 및 해설 15쪽

현준이네 반에 새로 전학 온 민지는 이름처럼 얼굴도 예쁘고 착하며, 공부도 잘하는 여학생이다. 민지와 친해지고 싶은 현준이는 매일 아침 민지와 함께 학교에 가기 위해 집 앞에서 민지를 기다린다. 민지와 함께 학교에 가는 동안 현준이는 민지가 걷는 빠르기에 맞추어 천천히 걸어간다.

 **용어풀이**

• 전학: 다니던 학교에서 다른 학교로 옮겨 가서 배움

1 민지가 5걸음을 걷는 동안 현준이는 7걸음을 걷는다. 민지가 100걸음을 걷는 동안 현준이는 몇 걸음을 걸을 수 있는지 풀이 과정과 함께 구하시오.

STEAM

2 현준이는 빨간색, 파란색, 노란색의 3가지 신발을 매일 바꾸어 신는다. 월요일에 빨간색 신발을 신었다. 다시 월요일에 빨간색 신발을 신는 날은 며칠 후인지 서술하시오.

도서관은 기록으로 남겨진 여러 가지 책, 그림, 사진 등의 자료를 모으고 정리 · 보관하며, 여러 사람이 활용할 수 있도록 도와주는 곳이다. 책, 문서 등 인쇄물뿐만 아니라, 영상 필름, 녹음테이프, 그림, 사진 등의 시청각 자료와 마이크로 필름까지 보관한다. 도서관의 많은 책은 어떤 규칙을 만들어 분류해 놓지 않으면 정리할 수도 이용할 수도 없다. 그래서 도서관에서는 같은 계통의 책들을 그 내용에 따라 분류해 일정한 번호를 매겨 보관한다. 열람실에서는 조용히 해야 하며, 책을 집으로 빌려 갔을 때는 깨끗이 보고 정해진 날까지 반드시 되돌려 주어야 한다.

 용어풀이

• 시청각 자료: 시각과 청각을 활용할 수 있는 자료

1 예훈이와 정훈이는 매주 도서관에서 책을 읽는다. 예훈이는 지금까지 18권의 책을 읽었고, 매주 3권의 책을 읽는다. 정훈이는 지금까지 3권의 책을 읽었고, 매주 6권의 책을 읽는다. 정훈이가 예훈이보다 더 많은 책을 읽게 되는 것은 언제인지 풀이 과정과 함께 구하시오.

STEAM
2 최근에 일 년에 책을 1권도 읽지 않는 사람들이 점점 늘어나고 있다. 사람들이 책을 잘 읽지 않는 이유를 쓰고, 책을 많이 읽게 할 수 있는 방법을 서술하시오.

 **비밀 편지**

정답 및 해설 16쪽

로마제국의 유명한 장군 카이사르는 원로 회의에 참석할 예정이었다. 그때 집에서 편지 한 통이 배달되었고, 편지에는 알 수 없는 문자들이 쓰여 있었다. 편지를 해독해 읽은 카이사르는 불안했지만 예정대로 원로 회의에 참석해 무사히 연설을 끝내고 내려왔다. 하지만 잠시 후 그는 자신의 부하에게 암살당하게 된다. 카이사르는 이미 자신의 죽음을 예상하고 있었다. 그는 가족들끼리만 사용하는 암호로 된 '암살자를 조심하라.'라는 내용의 비밀 편지를 받았기 때문이다. 하지만 그 암살자가 누구인지 알지 못해 죽게 되었다.

 **용어풀이**

• **로마제국**: 이탈리아 반도 및 유럽, 지중해, 북아프리카와 이집트까지 지배했던 고대 왕국

1 동완이는 카이사르와 같이 친구들과 비밀 편지를 주고받기 위해 다음과 같은 암호표를 만들었다. '수학'은 어떻게 나타낼 수 있을지 서술하시오.

ㄱ	ㄴ	ㄷ	ㄹ	ㅁ	ㅂ	ㅅ	ㅇ	ㅈ	ㅊ	ㅋ	ㅌ
1	2	3	4	5	6	7	8	9	10	11	12
ㅍ	ㅎ	ㅏ	ㅑ	ㅓ	ㅕ	ㅗ	ㅛ	ㅜ	ㅠ	ㅡ	ㅣ
13	14	15	16	17	18	19	20	21	22	23	24

STEAM

2 친구와 비밀 편지를 주고받기 위한 암호를 만들려고 한다. 암호를 만들 때 고려해야 할 점을 2가지 서술하시오.

 **바둑 게임**

정답 및 해설 17쪽

바둑은 검은색 돌과 흰색 돌을 바둑판 위에 번갈아 두며 '집'을 많이 짓도록 경쟁하는 게임이다. 바둑의 기원에 대해 많은 설이 있는데 중국에서 발생했다는 설이 가장 유력하다. 우리나라에서는 삼국시대 고구려의 승려 도림이 백제의 개로왕과 바둑을 두었다는 이야기가 삼국유사를 통해 전해지고 있다. 바둑은 백제 문화가 일본에 전파될 때 함께 건너간 것으로 추측된다. 바둑에 사용되는 흑돌과 백돌, 바둑판을 통해 다양한 경우의 수와 규칙성을 알아볼 수 있다. 최근에는 집중력과 사고력을 키우려고 많은 학생이 바둑을 배운다.

 용어풀이

• **삼국유사**: 고려 때 일연에 의해 지어진 신라, 백제, 고구려 3국의 역사를 모은 역사서

1 바둑돌을 다음과 같은 규칙으로 배열했다. 6번째 모양을 만들기 위해 필요한 검은돌과 흰돌의 개수를 각각 구하시오.

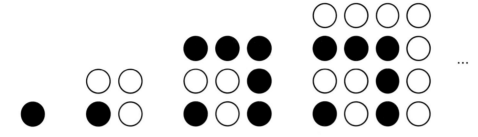

...

2 다음 바둑판에서 찾을 수 있는 수학적 원리를 5가지 서술하시오.

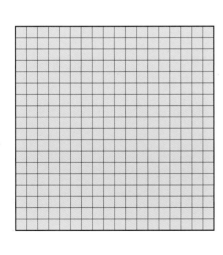

 **32 자동판매기**

정답 및 해설 17쪽

자동판매기는 버스나 기차와 같은 교통수단이나 영화관에서 영화를 보기 위해 필요한 티켓, 음료, 과자 등과 같은 물건을 판매하는 기계이다. 자동판매기에 동전이나 지폐 또는 카드를 넣으면 사용자가 원하는 물건이 자동으로 나온다. 자동판매기의 조상은 고대 그리스까지 거슬러 올라간다. 알렉산드리아의 헤론은 동전을 넣으면 동전의 무게로 인해 자동으로 물이 나오는 기계를 만들었다고 전해진다. 이것은 지금의 자동판매기가 만들어지는 데 많은 영향을 주었다. 오늘날에는 자동판매기를 통해 과자, 라면, 우산, 화장지에 이르는 매우 다양한 상품이 판매되고 있다.

▲ 자동판매기

 **용어풀이**

• 알렉산드리아: 이집트 북부의 큰 도시

1 다음과 같은 물건을 파는 자동판매기에 1000원을 넣고 각 버튼을 눌렀다. 버튼 번호, 물건, 거스름돈을 바르게 연결하시오.

버튼 번호	1	2	3	4	5
물건	껌	휴지	사탕	커피	콜라
가격	400원	1000원	500원	800원	700원

버튼 번호	물건	거스름돈
1 •	• 휴지 •	• 300원
2 •	• 사탕 •	• 200원
3 •	• 껌 •	• 0원
4 •	• 콜라 •	• 500원
5 •	• 커피 •	• 600원

2 자동판매기의 선진국으로 알려진 일본의 경우 자동판매기를 통해 쌀이나 계란과 같은 생필품은 물론 장수풍뎅이와 햄스터를 판매하기도 했다. 자동판매기가 있어 좋은 점과 나쁜 점을 각각 1가지씩 서술하시오.

V

확률과 통계

정답 및 해설 18쪽

경우의 수란 어떤 일이 일어날 수 있는 경우의 가짓수이다. 다시 말해 사건이 일어날 일을 예측해 몇 가지의 일이 발생할 수 있는지 그 수를 헤아리는 것이다. 동전 하나를 던진다고 생각해 보자. 하나의 동전을 던져서 나올 수 있는 경우는 앞면이 나오는 경우와 뒷면이 나오는 경우의 2가지이므로 동전을 던져서 나올 수 있는 모든 경우의 수는 2가지이다. 이처럼 간단한 경우의 수부터 복잡한 경우의 수까지 다양한 경우가 있으며 경우의 수를 통해 일어날 일을 예측해 보는 것은 수학적으로도 중요하지만 우리 생활에서도 중요하다.

용어풀이

• **경우의 수**: 어떤 일이 일어날 수 있는 경우의 가짓수

1 주사위 1개와 동전 1개를 던져서 나올 수 있는 모든 경우의 수를 구하시오.

 2 동완이, 성준이, 현준이가 가위바위보를 하고 있다. 세 사람이 모두 다른 모양을 내는 경우의 수를 구하시오.

34 달리기 순서

정답 및 해설 18쪽

이나네 학교에서 체육대회가 열릴 예정이다. 줄다리기, 멀리 던지기, 단체 줄넘기 등 여러 종목의 경기를 하고 가장 성적이 좋은 반이 우승팀이 된다. 특히 반 대표로 2명의 여학생과 2명의 남학생이 조를 이루어 100 m씩 달리는 이어달리기에 가장 큰 점수가 걸려 있다. 반 대표로 이어달리기에 나가기로 한 이나는 어떤 순서로 달리는 것이 가장 좋을지 고민하기 시작했다. 이나네 반 대표 4명이 달리는 순서를 정해 보자.

▲ 릴레이 결승전

• 이어달리기: 일정한 구간을 4명의 선수가 한 조가 되어 달리는 육상 경기

1 A, B, C, D 네 사람이 이어달리기를 할 때, 달리는 순서를 정하는 모든 경우의 수를 구하시오.

남학생 2명과 여학생 2명이 이어달리기를 할 때, 어떤 순서로 달리는 것이 가장 이길 확률이 높은지 쓰고, 그 이유를 서술하시오.

정답 및 해설 19쪽

주사위는 동물의 뿔, 뼈, 이빨이나 단단한 나무로 만든 놀이 기구였다. 주사위의 기원은 확실하지 않으나 이집트에서는 이미 왕조시대(BC 3400~BC 1150)에 현재의 것과 똑같은 상아나 동물의 뼈로 만든 주사위가 있었고, 이것이 그리스, 로마, **지중해** 연안 지방으로 전래되었다. 한국에서는 고려 시대에 이런 놀이가 있었다고는 하지만 놀이방식은 전해지고 있지 않다. 조선 전기에 여성들이 주사위를 던져 숫자맞히기 등의 놀이를 했다.

▲ 확률의 의미

• **지중해**: 아프리카, 아시아, 유럽 세 대륙에 둘러싸인 바다

1 다음 모양을 접어 주사위를 만들려고 한다. 주사위의 마주 보는 면의 눈의 수의 합이 모두 7이 되도록 빈칸에 알맞은 수를 써넣으시오.

| | 2 | 6 | | |
| | | 3 | | |

2 새로운 모양의 주사위를 만들려고 한다. 주사위를 만들 때 고려해야 할 점을 3가지 서술하시오.

 **현장 체험 학습 장소**

정답 및 해설 19쪽

현장 체험 학습은 교실에서 할 수 없는 것을 직접 눈으로 보고, 만져 보기 위해 진행된다. 밖으로 나가 여러 가지를 경험하면 더 잘 기억할 수 있다. 또한, 현장 체험 학습은 다양한 지역 문화를 경험하고, 평범한 일상을 떠나 평소에 가기 어려운 곳에 가서 소중한 추억과 공동체 의식을 기를 수 있다. 현장 체험 학습에는 자매학교 방문, 교육 관련 기관 방문, 유적지 탐방, 친구 집 방문, 부모님 일터 방문, 가족체험 등이 속한다.

 용어풀이

• 체험: 자기가 직접 하는 것

1 다음 <보기>에서 현장 체험 학습으로 가고 싶은 곳을 고르고, 그 이유를 서술하시오.

보기

| 잡월드 | 경복궁 | 박물관 | 캠핑장 |

STEAM

2 반 친구들이 가고 싶어 하는 현장 체험 학습 장소를 조사하고, 그 결과를 표로 나타내시오.

 **37 일기 예보**

정답 및 해설 20쪽

일기 예보는 여러 장소의 날씨, 기압, 풍향, 풍속, 기온, 습도 등의 정보를 모아 **대기**와 지면 등의 상태를 예측하고 전하는 과학 기술이다. 대기는 변화가 복잡하고 날씨에 영향을 주는 요인도 매우 많다. 이러한 기상 변화를 완전히 예측하는 것은 쉽지 않기 때문에 일기 예보는 예측이 정확하지 않은 경우가 종종 있다. 보통 TV, 라디오, 인터넷, 신문 등을 통해 일기 예보를 확인할 수 있으며, 전화와 게시판을 통해서도 일기 예보를 확인할 수 있다. 오늘날에는 일기 예보의 정확성을 높이기 위해 다양한 첨단 장비와 슈퍼컴퓨터 등을 이용해 날씨를 예측한다.

 **용어풀이**

- 일기 예보: 앞으로의 날씨를 미리 예측하여 알려주는 것
- 대기: 지구를 둘러싸고 있는 공기

1 다음은 일기 예보에 나온 그래프이다. 그래프를 통해 알 수 있는 사실을 4가지 서술하시오.

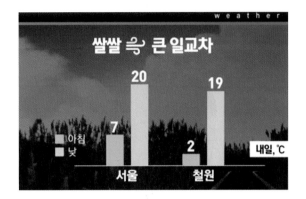

2 일기 예보에서는 표나 그래프가 특히 많이 사용된다. 일기 예보에서 표와 그래프를 많이 사용하는 이유를 서술하시오.

38 인구 증가? 인구 감소!

정답 및 해설 20쪽

인류는 **인구 폭발**의 시대에 살고 있다. 북적거리는 도시에서는 어디를 가나 사람들에게 치인다. 자동차 행렬은 꼬리에 꼬리를 물고 대도시의 도심은 직장인들과 쇼핑하는 사람들로 넘쳐나며, 큰 경기가 있는 날이면 축구장이나 야구장은 사람들의 함성으로 가득하다. 오늘날 세계 인구는 매년 7600만 명씩 늘어나고 있다. 지난 50년 동안 세계 인구가 2배로 증가했다는 것을 고려하면, 사람의 무게 때문에 **지각**이 무너져 내리지 않을까 걱정해야 할지도 모른다. 하지만 우리가 당연하게 받아들이는 인구 폭발 속에서 새로운 걱정이 고개를 들고 있다. 그것은 바로 인구 감소에 대한 걱정이다. 매년 7600만 명씩 인구가 늘고 있는 지구에서 정말 인구가 감소할 것인가? 쉽게 믿기지 않지만 감소할 것으로 예상한다. 그 이유는 출생률이 점점 줄어들고 있기 때문이다.

- **인구 폭발**: 인구가 폭발적으로 증가하는 것
- **지각**: 지구의 가장 바깥층으로 단단한 암석으로 된 부분

1 다음은 어느 도시의 출생자 수와 사망자 수를 조사한 것이다. 조사 결과 중 사망자 수를 막대 그래프로 나타내어 보고, 5년 후 출생자 수와 사망자 수를 예상하시오.

[최근 출생자 수와 사망자 수]

연도	8년 전	6년 전	4년 전	2년 전	현재
출생자 수(명)	112	105	97	89	80
사망자 수(명)	125	116	103	97	92

[출생자 수]

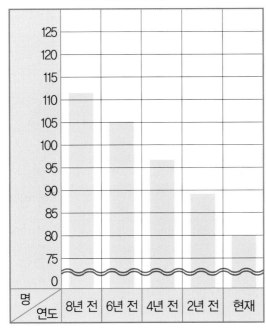

[사망자 수]

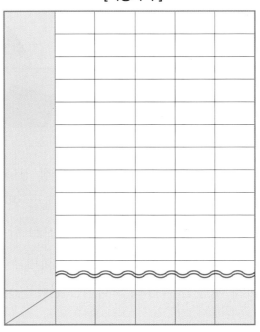

정답 및 해설 21쪽

우리가 어떤 제품을 선택할 때 가장 영향을 많이 받는 감각 요소는 시각, 특히 **색깔**이다. 색깔은 저마다의 특징을 가지고 있다. 하늘을 연상시키는 파란색은 차가우면서도 마음의 안정을 주는 색깔이다. 빨간색은 피와 혁명의 색으로 힘과 적극성, 공격적인 색이다. 노란색은 미소와 친절을 나타내는 색이고, 흰색은 빛을 상징하며 시작과 부활을 나타낸다. 자연의 색인 녹색은 마음을 편안하게 해 주는 색이고, 보라색은 권력을 상징하는 지도자의 색이다.

▲ 색깔의 의미

 용어풀이

• **색깔**: 빛을 흡수하고 반사하는 결과로 나타나는 사물의 빛깔

1 자신이 가장 좋아하는 색깔을 쓰고, 그 이유를 서술하시오.

STEAM
2 우리 반 학생들이 좋아하는 색깔을 조사해 그 결과를 막대그래프로 나타내시오.

40 식량 부족

정답 및 해설 21쪽

지금으로부터 약 200년 전 인구 증가로 인한 식량 부족의 위험을 주장한 사람이 있다. 그는 바로 토머스 맬서스이다. 정확히 1789년, 처음 책으로 나온 '인구론'의 내용은 '인구는 **기하급수적**으로 늘어나는데 식량 생산의 증가량은 인구 증가를 따라잡지 못해 적절하게 인구를 조절해야 한다.'는 것이 핵심이다. UN은 2050년에 세계 인구가 약 100억 명에 이를 것이며, 식량은 지금의 약 2배 정도를 더 생산해야 할 것이라 예상하고 있다. 이로 인해 지구상의 모든 나라가 증가하는 인구에 대비해 새로운 식량자원을 개발하는 데 관심을 가지고 있다.

• 기하급수적: 증가하는 수나 양이 아주 많은 것

1 다음은 1804년부터 2011년까지 세계 인구수를 정리한 그래프이다. 2050년의 세계 인구는 약 몇 명일지 쓰고, 그 이유를 서술하시오.

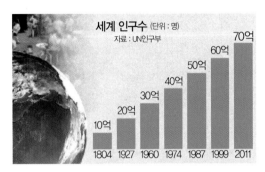

세계 인구수 (단위 : 명)
자료 : UN인구부

10억 1804 | 20억 1927 | 30억 1960 | 40억 1974 | 50억 1987 | 60억 1999 | 70억 2011

STEAM 2 인구 증가에 따른 식량 부족을 해결할 수 있는 방법을 3가지 서술하시오.

VI
융합

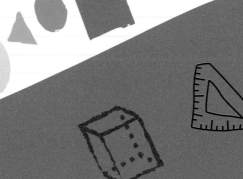

남아프리카에 주로 서식하는 **미어캣**은 서서 기웃거리는 모습으로 '사막의 파수꾼'이라는 별명을 가지고 있다. 미어캣은 50마리 정도가 한 무리를 지어 사는데, 이 중 가장 서열이 높은 암컷이 우두머리가 되어 새끼 낳는 일을 도맡는다. 서열이 낮은 다른 암컷들은 우두머리의 새끼를 먹이고 돌보는 일을 한다. 미어캣 무리 안에서 서열을 결정하는 것은 '나이'와 '몸무게'다. 우두머리 암컷이 죽으면 우두머리의 장녀가 그 자리를 잇는데, '언니 미어캣'보다 몸집이 큰 '동생 미어캣'이 우두머리 자리를 뺏는 일도 있다. 그래서 미어캣의 암컷들은 자매들 사이에서 몸무게를 불리기 위해 치열한 경쟁을 한다.

• 미어캣: 몽구스과의 포유류로, 두 발로 꼿꼿하게 차렷 자세로 서서 주위를 살핀다.

1 미련하고 못생겼으며, 느리고 먹는 것만 좋아하는 뚱뚱한 달순 미어캣이 대장이 되어 날씬한 은지 미어캣은 너무 신경질이 난 상황이다. 뚱뚱한 미어캣이 대장이 되어야 하는 이유를 찾아 은지 미어캣의 기분을 풀어주려고 한다. 뚱뚱한 미어캣이 대장이 되어야 하는 이유를 3가지 서술하시오.

STEAM 2 미어캣은 50마리 정도가 모여 무리 생활을 한다. 무리 생활을 하면 좋은 점을 3가지 서술하시오.

42 대칭 수

정답 및 해설 22쪽

다들잠들다.

아, 좋다좋아.

'아버지가방에들어가신다.'

이것은 한글 띄어쓰기의 중요성을 강조하기 위한 문장이다.

띄어쓰기를 제대로 하지 않았을 때 발견되는 재미있는 문장이 있다.

'다들잠들다.', '아좋다좋아.'와 같은 문장이다. 두 문장은 앞에서부터 읽으나 뒤에서부터 읽으나 같은 문장이 된다.

이러한 특징을 가진 수들도 있다. 1001, 34566543과 같이 앞에서부터 읽으나 뒤에서부터 읽으나 같은 수가 되는 것을 대칭 수라 한다.

 용어풀이

• 대칭 수: 앞에서부터 읽으나 뒤에서부터 읽으나 같은 수가 되는 것

1 다음을 계산하고, 계산 결과의 공통점을 서술하시오.

$11 \times 11 =$

$11 \times 11 \times 11 =$

• 공통점:

2 세 자리 수에서 대칭 수가 되려면 백의 자리 숫자와 일의 자리 숫자가 같아야 한다. 세 자리 수들 중에서 대칭 수가 되는 수의 개수를 구하고, 방법을 서술하시오.

43 기수법

정답 및 해설 23쪽

우리는 수를 세거나 순서를 나타낼 때 0에서 9까지의 숫자를 사용하는 인도—아라비아 수를 사용한다. 고대 로마에서는 I, II, X과 같은 방법으로 수를 나타내었는데 이처럼 수를 시각적으로 나타내는 방법을 **기수법**이라 한다. 과거 중국, 이집트, 마야 문명 등에서도 수를 표현한 기수법이 발견되고 알려졌으나 오늘날 우리가 사용하는 방법은 인도—아라비아 수이다.

오늘날 사용하고 있는 수는 어떤 장점이 있을까?

용어풀이

• 기수법: 숫자를 사용하여 수를 적는 방법

1 326553와 512362에서 6이 나타내는 수는 각각 얼마인지 서술하시오.

2 현재 사용되고 있는 인도－아라비아 숫자의 장점을 3가지 서술하시오.

정답 및 해설 23쪽

사람이 물 없이 견딜 수 있는 시간은 채 3일이 안 될 만큼, 물은 사람이 기본적인 생명 유지를 위해서 가장 중요한 것 중 하나이다. 극한 상황에서 **조난자**의 생존담을 들어보면 물이 없는 상황에서 갈증이 나면 자신의 소변을 마셨다고 한다. 벨기에 겐트대학교 연구진은 소변을 마실 수 있는 물로 바꿀 수 있는 장치를 개발했는데, 이 장치는 소변을 태양열로 가열한 뒤 얇은 막에 걸러 물로 바꾼다. 이 물은 농사에 활용될 뿐만 아니라 식수로도 사용할 수 있을 정도로 깨끗하다. 또한, 이때 걸러진 질소, 인 등의 영양분은 비료로 활용할 수도 있다. 실제로 벨기에 겐트에서 열린 열흘간의 축제 기간 동안 이 장치를 이용해 소변으로 1000 L의 물을 만들었다. 벨기에에서는 소변으로 만든 식수를 이용해 만든 소변 맥주가 출시되기도 했다.

 **용어풀이**

• **조난자**: 항해나 등산 등을 하는 도중에 재난을 만난 사람

1 보통 성인의 1회 소변량은 200 mL 정도이다. 1000 L의 물을 만드려면 몇 명의 소변을 모아야 하는지 서술하시오. (단, 소변의 양과 걸러지는 물의 양은 같고, 한 사람 당 1회의 소변을 모으는 것으로 한다.)

STEAM
2 소변을 걸러 물을 만드는 장치를 활용하면 좋은 곳과 활용할 수 있는 아이디어를 서술하시오.

45 세상을 정복한 민족

정답 및 해설 24쪽

역사상 가장 위대한 해양 민족은 누굴까? 많은 학자들은 **폴리네시아**인이라고도 불리는 사모아인을 꼽는다. 이들은 3500년 전부터 남태평양 정복에 나서 뉴질랜드, 하와이, 피지 등 큰 24개의 섬과 그에 딸린 작은 섬들을 모조리 정복했다. 이는 태평양의 절반에 해당하는 넓이다.

사모아인은 전 세계적으로 전투 민족이라고도 불린다. 사모아인은 몸집이 크고 근육이 많아 운동 신경이 좋으며 엄청난 힘을 낼 수 있다. 최근 한 연구팀은 5000여 명의 사모아인 유전자를 분석했더니 $\frac{1}{4}$가량이 '비만 유전자'를 가진 것으로 조사되었다. 비만 유전자를 가진 사모아인은 정상인보다 비만이 될 확률이 30~40 % 더 높다. 비만 유전자는 유럽 인종과 아프리카 인종에게는 거의 없으며 아시아 인종에게서도 흔치 않다. 사모아인은 이 유전자 때문에 굶거나 지속적인 스트레스를 받아도 몸무게가 줄지 않는다.

• **폴리네시아**: 오세아니아 동쪽 해역에 분포하는 수천 개의 섬들

1 5000여 명의 사모아인들 가운데 $\frac{1}{4}$ 가량이 비만 유전자를 보유하고 있다. 52명의 사모아인 중 비만 유전자를 가진 사람은 약 몇 명인지 서술하시오. (단, 비만 유전자를 가진 사람의 비율은 일정하다고 가정한다.)

STEAM

2 사모아인들이 넓은 태평양의 여러 섬을 정복할 수 있었던 이유를 그들이 가진 비만 유전자와 관련지어 서술하시오.

마인드맵이란 문자 그대로 '생각의 지도'란 뜻으로, 자기 생각을 지도를 그리듯 나타내는 방법이다. 마인드맵은 공부하고 배운 내용을 정리할 때, 책을 읽고 내용을 정리할 때, 글을 쓰거나 말하기를 할 때, 문제 해결 방법이나 새로운 아이디어를 찾을 때와 같이 여러 방면에서 활용할 수 있다. 또한, 마인드맵은 핵심 주제에서 시작하여 연결되는 단어나 이미지로 확산해 가면서 나뭇가지처럼 계속 뻗어 나가도록 그리는 것으로, 사고력이나 기억력, 창의력을 높이기 위한 두뇌 계발 기법으로도 많이 사용된다.

용어풀이

• **마인드맵**: 마음 속에 지도를 그리듯이 줄거리를 이해하며 정리하는 방법

1 '수학'과 관련 있는 단어를 10개 쓰시오.

2 수학으로 시작으로 하는 마인드맵을 완성하시오.

수학

 **47** 가장 막히는 도로는?

정답 및 해설 25쪽

우리나라에서 가장 막히는 도로는 어디일까?

국토교통부가 한국교통연구원과 함께 흥미로운 조사 결과를 발표했다. 일일 교통량 추정기술을 이용해 우리나라에서 가장 막히는 도로를 발표했다. 이는 교통량 **빅데이터**와 내비게이션 빅데이터를 이용해 하루 평균 교통량을 계산하는 방법으로, 기존의 현장 조사의 방법에 비해 92 %나 많은 양의 도로 교통 자료를 수집할 수 있다.

 용어풀이

• 빅데이터: 디지털 환경에서 생성되는 방대한 규모의 데이터

1 다음 표를 보고 우리나라에서 가장 막히는 도로는 어디인지 교통체증이 심한 도로부터 순서대로 나열하시오. (단, 교통량이 많을수록 교통체증이 심하다고 가정한다.)

도로	위치	교통량
올림픽대로	서울특별시 강남구 청담동	135924
강변북로	서울특별시 용산구 서빙고동	122225
서울외곽순환고속도로	서울특별시 강동구 강일동	158952
강남대로	서울특별시 서초구 잠원동	161741

 2 빅데이터를 이용해 계산한 교통정보를 활용할 수 있는 아이디어를 서술하시오.

정답 및 해설 25쪽

지구에는 수많은 생물이 살고 있다. 이 생물들을 일정한 기준으로 나누려면 어떻게 해야 할까? 무엇을 나누고자 할 때 먼저 가장 큰 기준으로 나누고, 다음에 그보다 작은 기준을 세워 나눈다. 생물은 크게 동물과 식물로 구분할 수 있다. 동물을 나누는 가장 큰 기준은 '척추가 있는지 없는지'이다. 이 중 척추가 있는 동물을 척추동물이라 한다. 척추동물은 몸집이 큰 편이다. 척추동물은 다시 포유류, 조류, 파충류, 양서류, 어류로 나눌 수 있다. 토끼나 소와 같이 온몸이 털로 덮여 있고, 새끼를 낳아 젖을 먹여 기르는 동물의 무리를 '포유류'라 한다. 사람도 포유류에 속한다.

▲ 동물의 세계

• 척추: 머리뼈 아래에서 엉덩이 부위까지 이어진 등뼈

1 분류의 기준을 정할 때 고려해야 할 점을 2가지 서술하시오.

STEAM

2 다음은 도롱뇽, 펭귄, 고등어, 토끼이다. 분류 기준을 정하고, 두 모둠으로 분류하시오.

▲ 도롱뇽　　　　▲ 펭귄　　　　▲ 고등어　　　　▲ 토끼

49 큐브 퍼즐

정답 및 해설 26쪽

누구나 한 번쯤 해 본 경험이 있는 큐브 퍼즐. 이 퍼즐은 헝가리의 건축학 교수인 에르노 루빅에 의해 발명되었다. 3×3×3으로 이루어진 루빅스 큐브가 가장 일반적이며 이 큐브는 모두 27개의 독립된 **정육면체**와 54개의 작은 면으로 구성되어 있다. 27개의 독립된 정육면체는 각각의 색을 구성하고 있는데, 앞면과 뒷면, 오른쪽 면과 왼쪽 면, 윗면과 밑면은 서로 반대되는 색이다.

루빅스 큐브가 만들어내는 조합은 43,252,003,274,489,856,000개이지만 큐브를 다 맞추는 경우는 오직 하나뿐이다. 하지만 모든 풀이 방법을 완벽히 외운다면 20번 이내에 맞출 수 있다.

 용어풀이

• **정육면체**: 주사위처럼 여섯 개의 면이 모두 같은 크기의 정사각형으로 이루어진 도형

1 다음과 같은 루빅스 큐브의 모든 겉면에 페인트를 칠했을 때, 큐브 퍼즐을 이루는 작은 정육면체 중 2개의 면만 색이 칠해지는 정육면체의 개수를 구하시오.

2 우리 주변에서 루빅스 큐브와 같은 모양의 물건을 3가지 찾고, 그렇게 만든 이유를 서술하시오.

50 녹색 신호등의 시간

정답 및 해설 26쪽

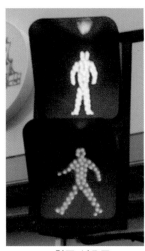

▲ 한국 신호등

▲ 독일 신호등

▲ 네덜란드 신호등

▲ 미국 신호등

신호등은 도로의 안전에 매우 중요한 요소이다. 위험한 도로에서 녹색 신호는 목숨을 지켜주는 안전 장치이다. 교통 통제 방안을 처음으로 고안해 사용했던 사람들은 고대 로마인들이었다. 일방통행, 주차 관련법, 길 건너기, 그리고 원형 **교차로**에 이르기까지 고대 로마 시대에 이미 만들어졌다. 하지만 당시의 도로에는 교통 신호등은 설치되어 있지 않았다. 19세기에 접어들어 자동차가 등장한 이후 교통량이 급격하게 증가했고 사고가 자주 일어났다. 이에 따라 자동차, 마차, 자전거, 보행자가 동시에 안전하게 교차로를 건널 수 있는 방법이 필요했다. 1914년 미국에서 가렛 모건이 개발한 신호등이 세워졌고, 이것이 최초의 공식 신호등이 되었다. 신호등의 빨간색은 정지, 주황색은 주의, 초록색은 진행 신호이다. 나라마다 신호등의 모양은 다르지만, 신호 체계는 같다.

용어풀이

• **교차로**: 두 개 이상의 길이 서로 엇갈린 곳

1 신호등을 건널 때마다 녹색 신호 시간이 늘 부족하고 짧게만 느껴진다. 20 m 일반 도로에 횡단보도를 만들려고 한다. 다음 <설명>을 읽고, 횡단보도의 녹색 신호 시간을 계산하시오.

┌ 설명 ┐

녹색 신호 시간은 '횡단보도의 길이÷걷는 속도'로 결정된다.
일반 보행자가 걷는 속도는 1초당 1 m이다.

STEAM

2 우리나라 보행자의 교통사고율은 OECD 평균보다 5배 가량 높다. 횡단보도 사고율을 낮추기 위한 방법을 서술하시오.

영재성검사

영재성검사 창의적 문제해결력

기출문제

1 1 g~10 g까지의 추가 10개 있다. 이 중에서 추 3개를 이용해 양팔저울을 수평으로 만드는 방법을 최대한 많이 서술하시오.

2 캐나다 토론토의 시각은 우리나라보다 13시간 느리다. 우리나라 시각을 기준으로 수요일 오후 3시30분에 인천을 출발한 비행기가 14시간을 날아서 토론토에 도착했다. 비행기가 토론토에 도착한 시각은 언제인지 토론토 시각을 기준으로 나타내시오.

3 한 번 사용하는 데 사용료가 1000원인 양팔저울이 있다. 동전이 26개 있는데 이 중 하나는 가짜 동전으로 조금 가볍다고 한다. 양팔저울을 이용해 가짜 동전을 찾으려고 할 때, 최소한 얼마의 돈이 필요한지 서술하시오.

4 다음 〈가〉, 〈나〉, 〈다〉에 들어갈 내용을 구하시오. (단, 사용된 수는 1~30까지의 수이다.)

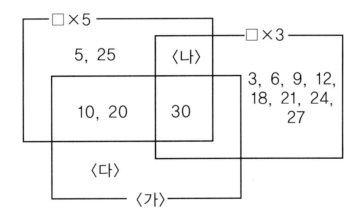

5 〈보기〉 모양의 판이 있다. 주어진 도형 (가)와 (나)를 최소한으로 사용해 판을 빈틈없이 덮는 방법을 나타내시오.

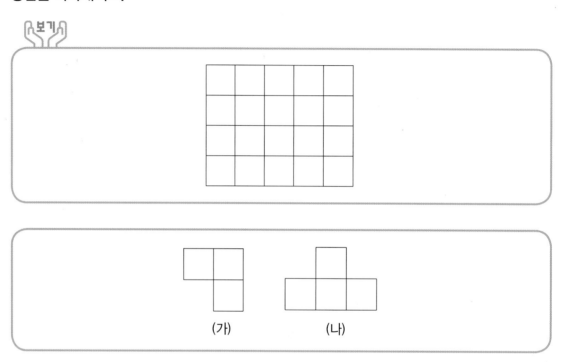

(가)   (나)

6 다음은 어느 해의 12월 달력이다. 물음에 답하시오.

일	월	화	수	목	금	토
	1	2	3	4	5	6
7	8	9	10	11	12	13
14	15	16	17	18	19	20
21	22	23	24	25	26	27
28	29	30	31			

(1) 첫 번째 토요일에서 6주 전 수요일과 6주 후 수요일의 날짜를 더한 값을 구하시오.

(2) 위의 달력에서 색칠한 것과 같은 모양으로 5칸을 선택한 뒤 그 수를 모두 더했더니 115가 되었다. 선택한 5칸의 수를 작은 수부터 차례대로 쓰시오.

기출 20

7 다음과 같이 8개의 수가 쓰여 있고, 그 사이에 점선이 그어져 있는 종이 띠가 있다.

4	1	2	8	5	6	3	7

종이 띠를 4번 잘라서 나온 다섯 개의 수를 모두 더했을 때, 가장 큰 값과 가장 작은 값을 구하시오.

기출 19

8 코끼리의 주요 서식지는 기온이 높고 풀과 나무가 잘 자라는 곳이다. 만약 추운 북극지방에서 코끼리가 살아왔다면 어떤 모습일지 이유와 함께 5가지 설명하시오.

9 **다음 물음에 답하시오.**

(1) 텅 비어 있는 방과 물건으로 가득 차 있는 방 중에서 소리가 더 잘 들리는 방을 고르고, 그 이유를 서술하시오.

　① 소리가 더 잘 들리는 방

　② 그 이유

(2) 아래 그림과 같이 통 안에 음악이 나오는 스마트폰을 넣고 어떤 경우에 소리가 더 잘 들리는지 알아보는 실험을 하려고 한다. 이 실험에서 같게 해야 할 것을 3가지 쓰시오.

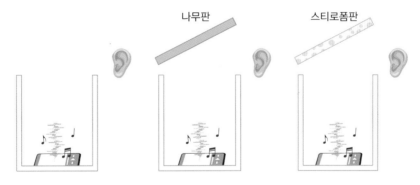

기출
21

10 다음 〈가〉, 〈나〉와 같은 두 가지 형태의 세계 지도가 있다. 물음에 답하시오.

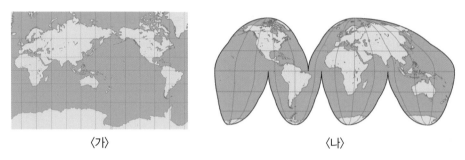

〈가〉　　　　　　　　　　　〈나〉

(1) 바다와 육지의 면적을 비교할 때 사용해야 할 지도를 고르고, 그 이유를 서술하시오.

　　① 사용해야 할 지도

　　② 그 이유

(2) 바다와 육지의 넓이를 비교할 수 있는 방법을 3가지 서술하시오.

11 초식 동물은 육식 동물에게 잡아먹힐 수 있어서 빨리 먹고 도망치는데, 허겁지겁 먹다 보면 다음 사진과 같이 몸속에 못이나 쇳조각이 들어가기도 한다. 그래서 몸속에 들어간 못이나 쇳조각을 찾기 위하여 소에게 자석을 먹인다. 소에게 먹이는 자석의 모양을 그리고, 그 특징을 3가지 서술하시오.

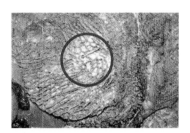

소 위에 박힌 쇳조각

(1) 모양

(2) 특징

12 사슴벌레와 잠자리의 공통점과 차이점을 2가지씩 서술하시오.

기출
22

13 다음과 같이 페트병에 풍선을 넣은 후 공기를 불어넣었더니 풍선이 부풀지 않았다. 물음에 답하시오.

(1) 위 실험 결과를 통해 알 수 있는 사실을 쓰고, 이를 확인할 수 있는 다른 실험 방법을 서술하시오.

① 알 수 있는 사실:

② 이를 확인할 수 있는 다른 실험 방법:

(2) 위 실험 결과와 같은 현상을 우리 주위에서 찾아 3가지 쓰시오.

14 요즈음에는 청소 로봇, 반려견 로봇 등 여러 종류의 로봇을 일상생활에 이용하고 있다. 이 로봇 중에서 동물의 생김새와 특징을 이용한 것도 있다.

크래브스트　　스티키봇　　스마트 버드 로봇

위에 제시된 것 외에 동물의 생김새와 특징을 활용한 생체 모방 로봇을 3가지 서술하시오.

STEAM
창의사고력
수학 100제 초등

영재교육의 모든 것!
시대에듀가 상위 1%의 학생이 되는
기적을 이루어 드립니다.

안쌤 **안재범**

수달쌤 **이상호**

수박쌤 **박기훈**

영재교육 프로그램

프로그램 1 창의사고력 대비반

프로그램 2 영재성검사 모의고사반

프로그램 3 면접 대비반

프로그램 4 과고 · 영재고 합격완성반

수강생을 위한 프리미엄 학습 지원 혜택

 영재맞춤형 **최신 강의 제공**

 영재로 가는 필독서 **최신 교재 제공**

핵심만 담은 **최적의 커리큘럼**

 PC + 모바일 **무제한 반복 수강**

 스트리밍 & 다운로드 **모바일 강의 제공**

 쉽고 빠른 피드백 **카카오톡 실시간 상담**

시대에듀 **안쌤 영재교육연구소** | www.sdedu.co.kr

시대에듀가 준비한
특별한 학생을 위한
최상의 학습
시리즈

안쌤의 사고력 수학 퍼즐 시리즈

①
- 14가지 교구를 활용한 퍼즐 형태의 신개념 학습서
- 집중력, 두뇌 회전력, 수학 사고력 동시 향상

안쌤의 STEAM+창의사고력
수학 100제, 과학 100제 시리즈

②
- 영재교육원 기출문제
- 창의사고력 실력다지기 100제
- 초등 1~6학년

안쌤과 함께하는
영재교육원 면접 특강

⑧
- 영재교육원 면접의 이해와 전략
- 각 분야별 면접 문항
- 영재교육 전문가들의 연습문제

스스로 평가하고 준비하는! 대학부설 · 교육청
영재교육원 봉투모의고사 시리즈

⑦
- 영재교육원 집중 대비 · 실전 모의고사 3회분
- 면접 가이드 수록
- 초등 3~6학년, 중등

NEW!

영재교육원 영재성검사, 창의적 문제해결력 평가 완벽 대비

안쌤의

STEAM
+창의사고력
수학 100제

정답 및 해설

시대에듀

이 책의 차례

정답 및 해설

정답 및 해설

01 과일 값은 얼마?

1 **예시답안**

- 5000÷12=416…8이므로 바나나 1개의 가격은 약 420원이다.
- 바나나 1송이에서 바나나 1개를 뜯으면 나머지 바나나를 1송이로 팔 수 없으므로 바나나 1개의 가격은 바나나 1송이의 가격과 같다.
- 바나나 1송이를 나누어 팔면 다 팔지 못할 수도 있으므로 이를 고려하여 1개의 가격은 1000원이 적당하다.

해설

바나나 1개의 가격을 구하는 것처럼 대강 짐작하여 헤아리는 것을 어림이라 한다. 바나나 1송이의 가격을 바나나 1송이에 달려 있는 바나나의 개수로 나눈 값을 이용하여 바나나 1개의 값을 정할 수 있다. 또는 나눗셈을 이용하지 않고 다른 관점에서 바나나 1개의 가격을 정할 수도 있다.

예시답안

- 둘레가 가장 긴 사과를 고른다.
- 사과를 평평한 곳에 두었을 때 키가 큰(높이가 높은) 사과를 고른다.
- 물이 가득 담긴 그릇에 사과를 완전히 잠기게 했을 때 물이 가장 많이 넘치게 한 사과를 고른다.

해설

물이 가득 담긴 그릇에 사과를 완전히 잠기게 했을 때 물이 많이 넘칠수록 사과의 부피가 크다. 사과는 물에 뜨므로 사과가 물에 완전히 잠길 수 있도록 가는 철사 같은 물체로 사과를 눌러주어야 한다.

02 최고의 연비

1 **모범답안**

288÷24=12이므로 이 자동차의 연비는 12 km/L이다.

해설

연비의 단위는 km/L이다.

예시답안

- 자동차 A, 가격은 비싸지만 연비가 좋기 때문이다.
- 자동차 B, 자동차 운행을 적게 할 것이므로 연비는 낮지만 가격이 저렴하기 때문이다.

해설

차를 사용할 기간과 운행 정도를 생각하여 가격과 연비를 고려해 결정한다. 일반적으로 나머지 기능이 비슷할 때 차량 사용 기간이 길고 운행 정도가 많으면 연비가 좋은 차를 구매하고, 차량 사용 기간이 짧고 운행 정도가 많지 않으면 가격이 싼 차를 구매하는 것이 좋다.

03 농구 경기 속 분수

1 모범답안

1쿼터는 전체 경기 시간의 $\dfrac{1}{4}$이므로

$52 \times \dfrac{1}{4} = 13$ (분)이다.

STEAM 2 예시답안

- 3시간: 12시간을 4로 나누면 3시간이다.
- 분기: 1년을 4개의 분기로 나누어 구분한다.
- 쿼터(25센트 동전): 1달러의 $\dfrac{1}{4}$을 쿼터라 부른다.
- 동, 서, 남, 북: 4가지의 방향 중의 한 가지 방향이다.
- 봄, 여름, 가을, 겨울: 4계절 중 하나의 계절이다.

04 선긋기 곱셈법

1 모범답안

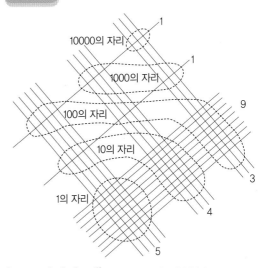

(10000의 자리 3개) $= 10000 \times 3 = 30000$

(1000의 자리 7개) $= 1000 \times 7 = 7000$

(100의 자리 36개) $= 100 \times 36 = 3600$

(10의 자리 41개) $= 10 \times 41 = 410$

(1의 자리 45개) $= 1 \times 45 = 45$

$30000 + 7000 + 3600 + 410 + 45 = 41055$

예시답안

- 선을 그어 계산하는 데 더 많은 시간이 걸리기 때문이다.
- 선을 그리기 위해 넓은 종이가 필요하기 때문이다.
- 선의 교차점을 세기 힘들고 잘못 세어 틀릴 수 있기 때문이다.

해설

더 편리한 계산 방법이 있기 때문이라고 답을 쓰는 것보다 실제 선긋기 곱셈법으로 계산을 하면서 느낀 어려움을 적는다.

정답 및 해설

05 심장의 움직임

1 〔예시답안〕

약 83회

〔해설〕

심장의 움직임으로 느낄 수 있는 맥박수는 일반적으로 심박수(심장 박동수)와 일치한다.

맥박수는 성인은 1분에 약 60~80회이고, 5~13세는 1분에 약 80~90회가 정상이다. 평균적으로 성인보다 어린이의 맥박수가 더 많다. 맥박수는 온도, 활동량, 호흡 등에 영향을 받는다.

 2 〔예시답안〕

최대심박수는 220 − 11 = 209 (회)이다. **1** 에서 측정한 값은 운동을 하지 않은 보통 상태의 심박수이므로 차이가 난다.

〔해설〕

개인에게 측정할 수 있는 1분간의 심박수 중 가장 큰 값을 최대심박수라 한다. 일반적으로 운동 강도를 높이면 심박수가 증가하기 때문에 최대 강도의 운동을 했을 때의 심박수를 최대심박수로 본다. 보통 최대심박수는 10~20대에 가장 높으며 나이가 많아지면 감소한다.

06 최고의 실력, 양궁

1 〔모범답안〕

(10점, 10점, 7점), (10점, 9점, 8점), (9점, 9점, 9점)

각각의 점수가 나오는 순서는 바뀔 수 있다.

 2 〔예시답안〕

• 요섭: 3발 중의 2발이 과녁 중심인 노란색 부분에 들어가 있기 때문이다.

• 이나: 3발의 화살이 요섭이보다 더 가깝게 모여 있기 때문이다.

〔해설〕

아직 산포도를 배우지 않았으므로 두 사람 중 한 사람의 승리를 정하고, 그 근거가 타당한지 확인한다. 일반적인 양궁 경기에서는 동점일 경우 10점 중앙에 더 가까운 선수가 승리한다. 2022년 올림픽 게임 양궁 4강에서 우리나라는 9점, 10점, 9점을 쏘았고, 일본은 10점, 9점, 9점을 쏘았다. 동점이었지만 우리나라가 쏜 화살이 정중앙에 더 가까워 4강에 진출했고, 우승했다.

07 다섯 자리 우편번호

1 예시답안

- 공통점: 다섯 개의 숫자를 사용하며, 0부터 9까지의 숫자를 사용해 나타내었다.
- 차이점: 우편번호를 나타내는 다섯 자리 수의 맨 앞자리에는 0이 올 수 있으나 가격을 나타내는 다섯 자리 수의 맨 앞자리에는 0이 올 수 없다. 우편번호를 나타내는 수는 이름과 같은 용도로 사용되고, 가격을 나타내는 수는 크기나 양을 나타내는 용도로 사용된다.

해설

집합수(기수)와 이름수(명목수)의 차이에 대해 알아본다. 집합수(기수)는 양이나 수를 나타내는 수로, 1 cm, 1 g, 100원 등의 단위가 붙는다. 이름수(명목수)는 표시를 위해 사용되는 수로, 정보를 기호화한 수이다.

2 예시답안

- 우편물을 지역별로 분류할 때 편하기 때문이다.
- 지역별로 번호를 정해 이름처럼 사용하면 전국의 모든 지역의 지명을 기억할 필요가 없기 때문이다.
- 우편물에 주소를 잘못 적거나 알아볼 수 없을 경우 우편번호를 보고 지역을 판단할 수 있기 때문이다.

해설

우편번호는 지역별로 번호를 정해 지역의 이름을 대신해 사용하는 수(이름수, 명목수)이다. 우편번호는 1962년에 독일에서 처음 사용했고, 우리나라는 1970년에 다섯 자리 우편번호를 사용하다가 1988년에 여섯 자리, 2015년에 다시 다섯 자리의 우편번호로 개편되었다. 우편번호의 첫 번째, 두 번째 자리 숫자는 특별시, 광역시, 도를 나타내고, 세 번째 숫자는 시, 군 등의 자치구를 나타낸다. 또, 네 번째, 다섯 번째 숫자는 일련번호로 지역에 따라 임의로 정한 숫자이다.

08 착한 균? 나쁜 균!

1 모범답안

2시간에 2배로 늘어나므로 하루(24시간)면
$24 \div 2 = 12$ (번) 늘어난다.
$1 \times 2 \times 2 \times 2 \times 2 \times 2 \times 2 \times 2 \times 2 \times 2 \times 2 \times 2$
$= 4096$ (마리)

해설

늘어나는 유산균의 수를 구할 때 2를 여러 번 곱한다. 이처럼 같은 수나 식을 거듭 곱하는 것을 거듭제곱이라 한다.

2 예시답안

착한 균은 균의 활동으로 인해 사람이 피해를 보지 않아야 한다.

해설

착한 균(유익균)과 나쁜 균(유해균)이 하는 일은 같지만, 그 결과가 인간에게 어떤 영향을 주는지에 따라 나눌 수 있다. 인간의 장에는 100조 개 이상의 세균이 살고 있으며 그 무게만 1~2 kg에 달한다. 장내 세균 중 건강을 지키게 해 주는 균을 착한 균, 건강을 해치게 하는 균을 나쁜 균, 착한 균과 나쁜 균에 의해 좌우되는 균을 중간균이라 한다. 장내 세균의 구성 비율은 사람마다 다르지만, 착한 균과 중간균이 약 85 %를 차지하고 나쁜 균이 약 15 % 정도 차지한다. 장 속에서 착한 균의 힘이 세지면 중간균은 착한 균을 돕고, 나쁜 균의 힘이 세지면 중간균은 나쁜 균을 돕는다. 따라서 건강을 위해서는 장 속 환경을 착한 균에게 유리하게 만들어야 한다. 건강한 착한 균을 섭취하여 착한 균의 수를 늘리고 착한 균이 좋아하는 식이섬유가 풍부한 음식을 먹는 것이 좋다.

정답 및 해설

09 유튜브(YouTube)

1 모범답안

삼십이억 삼천육백팔십삼만 삼백십육 (회)

2 예시답안

- 인구 수
- 로켓 속력
- 뇌 세포 수
- 아파트 가격
- 머리카락 수
- 서울시 인구 수
- 인체의 세포 수
- 대통령 선거 결과
- 사람의 땀구멍 수
- 우리나라 일 년 예산
- 경복궁 한 해 방문자 수
- 태양과 지구 사이의 거리
- 촛불 집회에 모인 사람 수
- 한국을 방문한 여행객의 수

해설

큰 수의 기준이 서로 다를 수 있다. 이 문제에서는 싸이의 유튜브 채널의 조회 수와 같이 억 또는 백만 이상의 단위가 사용되는 것을 생각해 본다.

10 8등신의 비밀

1 모범답안

$17 \times 8 = 136$ (cm)

2 예시답안

- 얼굴이 작아 보이도록 머리 모양을 만든다.
- 키가 커 보이도록 세로 줄무늬 옷을 입는다.
- 키높이 신발을 신어 키가 커 보이도록 한다.
- 머리카락으로 얼굴, 볼, 이마 등을 가려 얼굴이 작아 보이게 한다.

해설

키가 커 보이거나 얼굴이 작아 보이도록 만드는 다양한 아이디어를 찾아본다. 8등신일 때 인간의 몸이 가장 아름다운 비율을 가진다는 이야기가 수학자들을 통해 나왔으며, 고대 그리스부터 황금비율과 더불어 인간의 몸이 8등신일 때를 가장 아름답게 여겼다고 전해진다. 밀로의 비너스 조각상은 202 cm의 키에 완벽한 비율의 8등신 몸매를 가지고 있다.

11 게임의 조상, 테트리스

1 예시답안

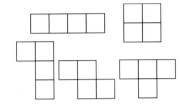

STEAM 2 예시답안

- 4×10, 5×8, 20×20의 사각형 모양의 칸에 다양한 모양의 테트로미노를 이용해 빈칸을 채우고, 더 이상 채울 수 없는 사람이 진다.
- 가장 적은 테트로미노 조각을 이용해 칠교놀이와 같이 미션 그림을 빨리 완성하는 사람이 이긴다.
- 다양한 테트로미노 조각을 이용해 창의적인 모양을 만드는 사람이 이긴다.

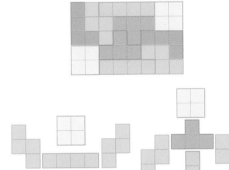

12 태극기

1 예시답안

- 여러 개의 직사각형을 찾을 수 있다.
- 태극무늬를 그리기 위해서는 원의 중심이 3개 필요하다.
- 검은색 직사각형은 큰 직사각형의 대각선 위에 놓여 있다.
- 검은색 직사각형은 ↘ 방향으로 개수가 1개씩 점차 증가한다.
- 큰 직사각형의 두 대각선이 만나는 점은 가운데 있는 원의 중심이다.

해설

STEAM 2 예시답안

- 수달: 수달을 닮았기 때문이다.
- 호랑이: 성격이 호랑이 같기 때문이다.
- 원: 동글동글한 내 모습과 성격이 원을 닮았기 때문이다.

해설

자신을 상징하는 것으로 도형, 특정한 물건이나 모양, 동물, 색깔 등을 정할 수 있다. 또는 태극기처럼 특정한 모양이나 패턴을 만들어 그림으로 나타내도 좋다. 어떤 것을 정하든지 왜 그렇게 정하였는지에 대한 구체적인 이유를 함께 서술해야 한다.

13 허니콤 구조

1

예시답안

12 m 길이의 끈으로 가장 넓은 평면도형을 만들려면 육각형으로 만들어야 한다.

해설

도형의 둘레를 직접 측정하여 비교해 본다. 둘레의 길이가 일정할 때 원이 가장 넓이가 넓고, 삼각형이 가장 넓이가 작다. 넓이가 일정할 때 둘레의 길이는 원이 가장 짧고, 삼각형이 가장 길다.

STEAM 2

예시답안

- 쪽매 맞춤(테셀레이션): 빈틈없이 이어붙일 수 있다.
- 층간 소음 차단: 허니콤 구조가 소음을 잘 흡수한다.
- 골판지: 허니콤 구조 때문에 가벼우면서도 강도가 높다.
- 블라인드: 허니콤 구조의 빈 곳에 있는 공기가 단열 작용을 한다.
- 허니콤 매트: 허니콤 구조의 빈 곳에 있는 공기가 쿠션 역할을 한다.
- 공기청정기 필터: 최소한의 재료로 최대한의 공간을 만들 수 있어 필터 효율이 높다.
- 건물 외벽, 노트북 외형, 운동화 바닥, 타이어: 허니콤 구조는 튼튼하고 충격을 잘 흡수한다.
- KTX, 비행기, 인공위성, 경주용 자동차 등 충격 흡수 장치: 물체가 벽에 정면으로 충돌할 경우 허니콤 구조가 충격 에너지의 80 %를 흡수한다.
- 배터리의 탄소나노튜브: 탄소 원자가 육각형 벌집 무늬를 형성하며, 튜브의 지름이 매우 작아 나노 기술, 전기 공항, 광학 등 다양한 분야에서 활용된다.

14 색의 3원색

1

모범답안

- 1개의 사각형으로 이루어진 사각형: 7개
- 2개의 사각형으로 이루어진 사각형: 4개
- 3개의 사각형으로 이루어진 사각형: 3개
- 4개의 사각형으로 이루어진 사각형: 2개
- 7개의 사각형으로 이루어진 사각형: 1개
  → 7+4+3+2+1=17 (개)

STEAM 2

예시답안

사각형을 구성하는 작은 사각형의 개수가 1개인 사각형부터 순서대로 구한다.

15 트러스교

1 **모범답안**

삼각형은 적은 재료를 이용해 만들 수 있고 힘을 잘 분산시킬 수 있는 튼튼한 구조이기 때문이다.

해설

사각형은 좌우로 미는 힘이나 위아래로 누르는 힘에 의해 모양이 변형되기 쉽지만, 삼각형 구조는 외부에서 힘을 받아도 모양이 잘 흐트러지지 않는다.

예시답안

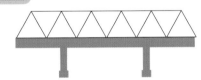

해설

예시답안 외에도 다음과 같이 다양한 방법으로 삼각형을 이용해 다리를 튼튼하게 만들 수 있다.

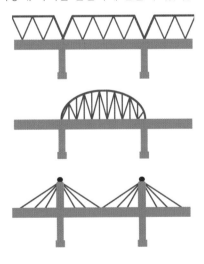

16 노르웨이 국기의 비밀

1 **예시답안**

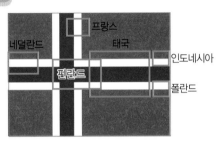

프랑스
네덜란드
태국
인도네시아
핀란드
폴란드

해설

노르웨이 국기는 덴마크 국기의 흰색 십자 안에 파란색 십자를 겹친 모양이다. 노르웨이는 14세기 말부터 1814년까지 덴마크의 지배를 받았다.

▲ 덴마크

2 **예시답안**

- 국기의 전체적인 모양이 직사각형이다.
- 왼쪽의 빨간 사각형 2개는 정사각형이다.
- 파란색 가로 선과 흰색 세로 선은 서로 수직이다.
- 흰색 가로 선 2개 또는 세로 선 2개는 각각 서로 평행하다.
- 빨간색, 흰색, 파란색의 순서로 종이를 쌓은 것으로 볼 수 있다.

17 규칙적인 생활

1 모범답안

87600시간

해설

1년은 365일, 1일은 24시간이다.
(1년)＝24×365＝8760 (시간)
(10년)＝8760×10＝87600 (시간)

 2 예시답안

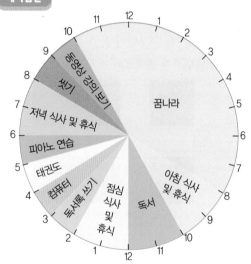

해설

원을 하루인 24시간으로 나누고 각 시간에 실천할

내용을 적는다. 1시간은 $\dfrac{360°}{24}=15°$에 해당한다.

 18 지금 시각은?

1 모범답안

예훈이가 살고 있는 도시가 3일 0시가 되려면 8시간 3분이 더 지나야 하고, 창훈이가 살고 있는 도시는 3일 0시에서 1시간 22분이 지난 시각이다.
따라서 두 도시의 시차는
8시간 3분＋1시간 22분＝9시간 25분
이다.

2 예시답안

대한민국 인천과 미국 뉴욕은 시차가 14시간이고 비행시간이 14시간이기 때문에 출발 시각과 도착 시각이 같다.

해설

미국 뉴욕에서 대한민국 인천으로 되돌아올 때는 비행시간 14시간과 시차 14시간이 더해져 총 28시간 차이가 난다.

19 조상들의 길이 단위

1

모범답안

3 자 6 치 8 푼

해설

368 푼＝300 푼＋60 푼＋8 푼＝3 자 6 치 8 푼

우리 조상들이 사용한 길이의 단위로는 푼, 치, 자, 칸, 정, 리 등이 있고 이들의 관계는 다음과 같다.

- 1 자＝10 치＝100 푼
- 1 칸＝6 자＝60 치＝600 푼
- 1 정＝60 칸
- 1 리＝3.6 정
- 1 리＝400 m
- 1 정＝109 m
- 1 칸＝1.8 m
- 1 자＝30 cm
- 1 치＝3 cm
- 1 푼＝0.3 cm＝3 mm

STEAM

2

예시답안

두 사람의 한 뼘의 길이의 가운데 값인 16 cm로 정한다.

해설

뼘은 엄지손가락과 다른 손가락을 완전히 펴서 벌렸을 때 두 손가락 끝 사이의 거리로 비교적 짧은 길이를 잴 때 사용한다.

20 암행어사의 유척

1

모범답안

유척 1개의 길이는 246 mm이므로 5개를 길게 연결한 길이는

246 mm×5＝1230 mm＝123 cm＝1 m 23 cm

이다.

해설

1 m＝100 cm, 1 cm＝1 mm

STEAM

2

예시답안

세금을 거둬들이는 도구를 측정할 때 기준이 되는 자이기 때문이다.

해설

조선 시대에는 돈 대신 물품으로 세금을 거두어들였으므로 눈금 조작을 통해 관리들이 쉽게 부정을 저지르는 사례가 있었다. 따라서 임금은 암행어사가 가진 유척을 전국의 도량형을 점검하고 부정부패를 방지하는 중요한 수단으로 활용했다.

정답 및 해설

21. 쌀 1되만 주시오

모범답안

- 1 말＝18 L＝18000 mL
- 1 되＝1800 mL

해설

우리 조상들이 사용한 부피의 단위로는 홉, 되, 말, 섬 등이 있고 이들의 관계는 다음과 같다.

- 1 섬＝10 말＝100 되＝1000 홉
- 1 섬＝180 L
- 1 말＝18 L
- 1 되＝18 L÷10＝1.8 L＝1800 mL
- 1 홉＝1.8 L÷10＝0.18 L＝180 mL

예시답안

- 말이 되보다 10배 많은 부피를 나타내므로 조금 주고 그 대가로 더 많은 것을 받는 것을 의미한다.
- 남을 조금 건드렸다가 더 큰 되갚음을 당한다는 것을 의미한다.

해설

친구에게 돈을 빌려주었더니 친구가 고마워하며 몇 배로 갚을 때, 이웃에게 먹을 것을 나눠 주었더니 이웃에서 답례로 더 많은 음식을 돌려보낼 때 '되로 주고 말로 받는다.'는 속담을 쓴다. 그러나 요즘은 이 속담을 좋은 의미보다는 나쁜 의미로 더 많이 쓴다. 누군가를 골탕 먹였다가 오히려 더 크게 앙갚음을 당하거나, 남을 속여 이득을 취하려다가 제 꼼수에 빠져 도리어 큰 손해를 볼 때 사용한다.

22. 하루가 길어진다

모범답안

24시간 30초－23시간 59분 38초＝52초

해설

때에 따라 하루의 길이는 다르다. 하루의 길이는 23시간 59분 38초에서 24시간 00분 30초 사이에서 변하므로 하루의 길이는 약 24시간이라 한다.

예시답안

- 시계에 적힌 수의 개수가 달라질 것이다.
- 방과 후 놀 수 있는 시간이 늘어날 것이다.
- 학교에서 공부하는 시간이 더 늘어날 것이다.
- 밤이 약 15시간, 낮이 약 15시간이 될 것이다.
- 하루가 길어지니 여유롭게 보낼 수 있을 것이다.
- 하루가 길어지므로 하루에 밥을 4번 먹게 될 것이다.
- 깨어 있는 시간이 길어지므로 잠을 자는 시간도 늘어날 것이다.
- 낮과 밤이 길어지니 여름에는 낮에 더 더워질 것이고, 겨울에는 밤에 더 추워질 것이다.

시계가 없다면?

1 　모범답안

5시 10분−1시 38분=3시간 32분
지후가 놀이기구를 탈 수 있는 시간은 3시간 32분이다.

 2 　예시답안

누구나 쉽게 확인할 수 있는 태양이나 달의 움직임을 기준으로 시각을 정해 약속을 정했을 것이다. 예를 들면 "그림자의 길이가 가장 짧아지는 시각에 만나자.", "그림자가 내 키보다 길어지기 전까지만 기다릴게."와 같이 약속을 정했을 것이다.

　해설

인류의 역사는 시간 측정의 역사와 함께해 왔다. 인류는 태양이 일정한 방향에서 떠서 일정한 방향으로 지는 것을 알게 되었고, 밤하늘의 별들이 하늘의 북극을 중심으로 시계 반대 방향으로 회전하고 있음을 알게 되었다. 이렇게 하루 동안의 규칙적인 태양과 별의 운동으로 시간을 측정했다.

 나는 무슨 형 인간?

1 　예시답안

• 아침형 인간이다. 아침 일찍 일어나고 일찍 잠드는 편이며 아침밥을 꼭 챙겨 먹고 아침에 공부가 더 잘되기 때문이다.
• 저녁형 인간이다. 아침에 일찍 일어나기가 힘들고 밤늦은 시간에 공부가 잘되며 늦은 시간까지 잠들지 않는 것이 어렵지 않기 때문이다.

　해설

자신이 어떤 형의 인간인지 고르고 적절한 이유를 서술한다.

 2 　예시답안

• 아침 시간이 여유로워 아침밥을 챙겨 먹거나 아침 운동을 하는 학생들이 늘어나 건강해졌을 것이다.
• 잠자는 시간이 늘어나서 저녁형 인간인 학생들도 충분히 학교 수업에 집중할 수 있었기 때문에 성적이 올랐을 것이다.

　해설

우리나라에서도 등교 시간 늦추기 정책이 실행되고 있다. 우리 몸에는 멜라토닌이라는 호르몬이 분비되는데 멜라토닌이 분비되면 그때부터 졸리게 된다. 멜라토닌은 나이에 따라 분비되는 시간이 다르다. 일반적으로 10대의 어린이와 청소년은 자정에 분비되고, 어른들은 오후 10시에 분비되기 때문에 어른들은 아침 8시에 상쾌하지만 10대 어린이와 청소년은 졸릴 수 있다. 따라서 등교 시간을 늦추면 8시간 이상으로 수면 시간이 늘어나고, 잠에서 더 깨므로 학습 태도가 좋아지고 성적도 향상될 수 있다.

정답 및 해설

25 달력

1 모범답안

일	월	화	수	목	금	토
		1	2	3	4	5
6	7	8	9	10	11	12
13	14	15	16	17	18	19
20	21	22	23	24	25	26
27	28	29	30			

2 예시답안

일주일은 7일이므로 첫 번째 수요일을 $\square$라 하면

$\square+(\square+7)+(\square+14)+(\square+21)=58$

$\square+\square+\square+\square+42=58$

$\square+\square+\square+\square=16$

$\square=4$

이므로 첫 번째 수요일은 4일이다.

따라서 네 번째 수요일은 $\square+21=25$ (일)이고, 31일은 25일 수요일의 6일 후이므로 화요일이다.

해설

일주일은 7일이므로 일주일이 지날 때마다 날짜는 7씩 커진다.

26 수열

1 모범답안

커지는 수가 2, 3, 4, 5, 6, …의 순서로 커지는 규칙이다.

$1+(2+3+4+5+6+\cdots+30)$

$=(1+30)+(2+29)+\cdots+(14+17)+(15+16)$

$=31+31+31+31+31+31+31+31+31+31+31$
$\quad+31+31+31+31$

$=465$

해설

커지는 규칙을 이용해 30번째 수를 구할 수 있다.

$$1+2+3+4+5+\cdots+26+27+28+29+30$$

$=(1+30)\times15=31\times15=465$

2 모범답안

- 규칙: 1부터 4씩 커지는 규칙이다.
- 2589번째 수: 1부터 4씩 2588번 뛰어 센 것이므로 4의 2588배에 1을 더한 값과 같다.

  (4의 2588배)$=4\times2588=10352$

  (2589번째 수)$=10352+1=10353$

27 꼭짓점의 개수

1 **모범답안**

삼각형에는 변과 꼭짓점이 각각 3개씩 있으므로 삼각형 7개의 모든 변과 꼭짓점의 개수는 각각 3×7=21 (개)이다.

해설

변은 도형을 이루는 각각의 선분, 각을 이루는 두 직선, 꼭짓점과 꼭짓점을 잇는 선분이다.
평면도형에서 꼭짓점은 두 변이 만나는 점이다.
입체도형에서 꼭짓점은 3개 이상의 모서리가 만나는 점이다.

▲ 삼각형

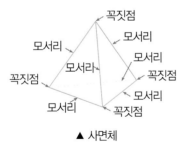

▲ 사면체

2 **예시답안**

삼각형 1개의 꼭짓점의 개수는 3개이므로 꼭짓점을 모두 더한 값인 166을 3으로 나누면 나누어떨어져야 한다. 그러나 166÷3=55…1과 같이 나머지가 있으므로 창훈이의 말은 틀린 말이다.

28 학교 가는 길

1 **모범답안**

민지가 100걸음을 걷는 것은 5걸음씩 20번을 걷는 것이다. 따라서 현준이가 걷는 걸음은
7×20=140 (걸음)이다.

해설

민지가 5걸음씩 20번 100걸음을 걷는 동안 현준이는 7걸음씩 20번 140걸음을 걷는다.

2 **예시답안**

월요일부터 일요일까지 일주일의 요일을 순서대로 3일씩 묶어보면 (월, 화, 수), (목, 금, 토), (일, 월, 화), (수, 목, 금), (토, 일, 월), (화, 수, 목), (금, 토, 일), (월, 화, 수), …의 순서로 반복된다. 따라서 다시 월요일에 빨간색 신발을 신는 날은 21일 후이다.

해설

신발은 빨간색, 노란색, 파란색 3가지로 3일 주기로 바꾸어 신는다. 또, 요일은 월, 화, 수, 목, 금, 토, 일 7가지로 7일 주기로 바뀐다.

29 지식 창고 도서관

1 모범답안

구분	현재	1주 후	2주 후	3주 후
예훈이가 읽은 책(권)	18	21	24	27
정훈이가 읽은 책(권)	3	9	15	21
구분	4주 후	5주 후	6주 후	7주 후
예훈이가 읽은 책(권)	30	<u>33</u>	36	39
정훈이가 읽은 책(권)	27	<u>33</u>	39	45

정훈이가 예훈이보다 더 많은 책을 읽게 되는 것은 5주 후가 지나고 나서부터이다.

2 예시답안

- 이유: 책을 읽을 시간이 부족하고 책을 항상 가지고 다니기 불편하기 때문이다.
- 방법
  - 다양한 장르의 재미있는 책을 많이 만든다.
  - 함께 책을 읽고 토론하는 자리를 많이 만든다.
  - 가정, 학교, 사회에서 꾸준한 독서 교육을 한다.
  - 많은 사람이 스마트폰을 사용하므로 스마트폰에 책을 넣어 읽을 수 있도록 한다.

해설

2021년 종이책 독서량은 성인 평균 4.5권으로 2015년 9.1권에 비해 4.6권 줄어들었다. 종이책 독서량은 해가 갈수록 줄어들고 있지만, 대신 전자책을 읽는 사람은 늘고 있다. 전자책은 컴퓨터, 스마트폰 등 전자 기기로 읽을 수 있는 책이다. 평소 책 읽기를 어렵게 하는 요인으로는 일(학교·학원)때문에 시간이 없어서, 스마트폰 이용, 인터넷 게임, 다른 여가 활동으로 시간이 없어서, 책 읽기가 싫고 습관이 들지 않아서 등이 있다.

30 비밀 편지

1 모범답안

7, 21, 14, 15, 1

해설

암호표의 자음과 모음이 대응된 숫자들을 순서대로 나열한다.

2 예시답안

- 누구든 쉽게 해석할 수 없어야 한다.
- 일정한 규칙이 있어 해석하는 방법이 있어야 한다.

해설

직접 암호표와 암호문을 만들어 본다.

31 바둑 게임

1 모범답안

검은돌 15개, 흰돌 21개

구분	1번째	2번째	3번째	4번째	5번째	6번째
검은돌	1	1	6	6	15	15
흰돌	0	3	3	10	10	21

해설

표를 이용해 규칙을 찾는다. 흰돌과 검은돌이 늘어
나는 개수가 3, 5, 7, 9, …인 규칙을 찾을 수 있다.

STEAM 2 예시답안

- 상하좌우 대칭이다.
- 모두 정사각형이다.
- 직각을 찾을 수 있다.
- 평행한 선분으로 이루어져 있다.
- 시계 방향으로 회전하면 처음과 같은 모양이다.
- 정사각형으로 면을 빈틈없이 채운 테셀레이션이다.
- 규칙적으로 배열되어 있어 가로, 세로의 칸 수를
  알면 전체 칸의 수를 알 수 있다.

32 자동판매기

1 모범답안

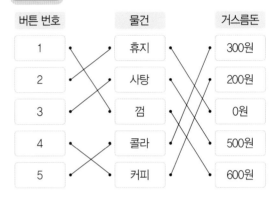

버튼 번호	물건	거스름돈
1	휴지	300원
2	사탕	200원
3	껌	0원
4	콜라	500원
5	커피	600원

STEAM 2 예시답안

- 좋은 점
  - 물건을 파는 사람이 없어도 된다.
  - 언제든 쉽게 필요한 물건을 살 수 있다.
- 나쁜 점
  - 누구나 유해한 물건을 구할 수 있다.
  - 도난이나 고장 등 관리가 쉽지 않다.
  - 신선식품의 경우 신선하지 않거나 내용물이 쉽게
    상할 수 있다.

33 경우의 수

1 모범답안

- 주사위 1개를 던져서 나올 수 있는 눈의 수: 6
- 동전 1개를 던져서 나올 수 있는 면의 수: 2

따라서 모든 경우의 수는 6×2=12 (가지)이다.

해설

주사위 1개와 동전 1개를 던져서 나올 수 있는 모든 경우의 수는 다음과 같다.

주사위	동전	주사위	동전	주사위	동전
1	앞면	2	앞면	3	앞면
	뒷면		뒷면		뒷면

주사위	동전	주사위	동전	주사위	동전
4	앞면	5	앞면	6	앞면
	뒷면		뒷면		뒷면

STEAM 2 예시답안

- 동완이가 낼 수 있는 모양의 가짓수: 3
- 성준이가 낼 수 있는 모양의 가짓수: 2 (동완이가 낸 모양 제외)
- 현준이가 낼 수 있는 모양의 가짓수: 1 (동완이와 성준이가 낸 모양 제외)

따라서 모든 경우의 수는 3×2×1=6 (가지)이다.

해설

예시답안은 동완이, 성준이, 현준이를 기준으로 낼 수 있는 모양을 구한 것이지만, 성준이, 현준이, 동완이 등으로 순서를 바꾸어도 같은 값이 나온다. 세 사람이 모두 다른 모양을 내는 모든 경우의 수는 오른쪽 표와 같다.

동완	성준	현준
가위	바위	보
	보	바위
바위	가위	보
	보	가위
보	가위	바위
	바위	가위

34 달리기 순서

1 모범답안

첫 번째 주자가 될 수 있는 사람은 4명, 두 번째 주자가 될 수 있는 사람은 첫 번째 주자를 뺀 3명, 세 번째 주자가 될 수 있는 사람은 첫 번째와 두 번째 주자를 뺀 2명, 네 번째 주자가 될 수 있는 사람은 첫 번째, 두 번째, 세 번째 주자를 뺀 1명이다. 따라서 모든 경우의 수는 4×3×2×1=24 (가지)이다.

해설

달리는 순서의 모든 경우의 수는 다음과 같다.

A	B	C	D	A-B-C-D		A	C	D	B-A-C-D
		D	C	A-B-D-C			D	C	B-A-D-C
	C	B	D	A-C-B-D	B	C	A	D	B-C-A-D
		D	B	A-C-D-B			D	A	B-C-D-A
	D	B	C	A-D-B-C		D	A	C	B-D-A-C
		C	B	A-D-C-B			C	A	B-D-C-A
C	B	A	D	C-B-A-D		B	C	A	D-B-C-A
		D	A	C-B-D-A			A	C	D-B-A-C
	A	B	D	C-A-B-D	D	C	B	A	D-C-B-A
		D	B	C-A-D-B			A	B	D-C-A-B
	D	B	A	C-D-B-A		A	B	C	D-A-B-C
		A	B	C-D-A-B			C	B	D-A-C-B

STEAM 2 예시답안

- 이길 확률이 높은 순서: 여-남-남-여
- 이유: 초등학교 3학년 학생들은 여학생이 키도 크고 잘 달리는 경우가 많으므로 잘 달리는 주자를 처음과 마지막 순서에 두는 것이 효과적이다.

해설

어느 순서든 답이 될 수 있지만, 근거가 타당해야 한다.

35 주사위 게임

1 모범답안

```
        4
  2   6   5   1
        3
```

2 예시답안

- 안전해야 한다.
- 너무 비싸지 않아야 한다.
- 쉽게 깨지지 않아야 한다.
- 모든 눈이 나올 확률이 같아야 한다.

36 현장 체험 학습 장소

1 예시답안

- 잡월드: 여러 가지 직업을 체험해 보고 싶기 때문이다.
- 경복궁: 사회 시간에 배운 조선 시대 최고의 궁궐을 직접 체험해 보고 싶기 때문이다.
- 박물관 : 선생님의 설명을 들으면서 박물관을 관람하면 혼자 관람하는 것보다 더 많은 것을 알 수 있기 때문이다.
- 캠핑장: 친구들과 함께 캠핑하며 즐거운 시간을 보낼 수 있고, 협동심과 배려심을 기를 수 있기 때문이다.

해설

어느 장소든 답이 될 수 있지만, 근거가 타당해야 한다.

2 예시답안

[반 친구들이 가고 싶어하는 현장 체험 학습 장소]

장소	잡월드	경복궁	박물관	캠핑장	합계
인원(명)	7	8	5	5	25

해설

반 친구들을 대상으로 조사한 후 결과를 표로 나타낸다.

37 일기 예보

1 [예시답안]

- 내일 서울의 낮 최고 기온은 20 ℃이다.
- 내일 서울의 아침 최저 기온은 7 ℃이다.
- 내일 철원의 낮 최고 기온은 19 ℃이다.
- 내일 철원의 아침 최저 기온은 2 ℃이다.
- 도시보다 산간 지역의 기온이 더 낮다.
- 도시보다 산간 지역의 일교차가 더 크다.

STEAM 2 [예시답안]

- 여러 지역의 다양한 정보를 효과적으로 나타낼 수 있기 때문이다.
- 일기 예보와 관련된 여러 가지 정보를 한눈에 비교할 수 있기 때문이다.
- 일기 예보와 관련된 여러 가지 정보의 변화를 한눈에 알아보기 쉽게 나타낼 수 있기 때문이다.

해설

표는 어떤 기준에 따라 가로, 세로로 나누어진 직사각형 모양의 칸에 조사한 자료를 정리해 자료에 나타난 수량을 한눈에 알아보기 쉽게 만든 것이다. 자료의 수가 적을 때는 표만으로도 자료에 나타난 수량을 쉽게 알 수 있고, 종류별 수량을 비교하기도 쉽다. 그러나 자료의 수가 많아지면 표만으로 수량을 비교하기가 쉽지 않다. 이럴 때 그래프를 사용한다. 자료의 크기 비교나 자료의 변화를 한눈에 알아보기 쉽도록 자료를 점, 직선, 곡선, 막대, 그림 등을 이용해 나타낸 것을 그래프라 한다.

38 인구 증가? 인구 감소!

1 [예시답안]

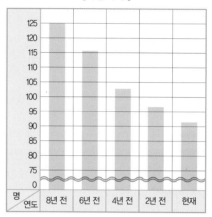

[사망자 수]

출생자 수는 2년 단위로 7~9명씩 감소하므로 5년 후에는 출생자 수가 72명이 될 것으로 예상한다. 또, 사망자 수는 2년 단위로 5~13명씩 감소하므로 5년 후에는 사망자 수가 84명이 될 것으로 예상한다.

해설

막대그래프는 조사한 수를 막대로 나타낸 그래프이다. 막대그래프는 표보다 여러 항목의 수량을 전체적으로 비교하기 쉽다. 막대그래프를 그릴 때는 막대의 두께, 막대와 막대 사이의 간격을 일정하게 그려야 한다.

39 색깔의 의미

1 예시답안

- 빨간색: 어디서나 눈에 잘 띄어 주목을 받는 색깔 이기 때문이다.
- 흰색: 다른 색을 덧칠하면 다양한 색으로 바뀔 수 있기 때문이다.
- 초록색: 자연에서 찾을 수 있는 색깔로 편안한 느 낌을 주기 때문이다.

해설

각자 자신이 좋아하는 색을 쓰고, 그 색을 좋아하는 이유가 타당해야 한다.

2 예시답안

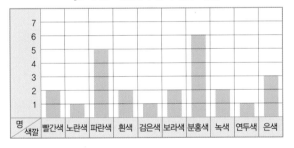

[우리 반 학생들이 좋아하는 색깔]

해설

우리 반 학생들을 대상으로 조사한 후 결과를 그래 프로 나타낸다.

40 식량 부족

1 예시답안

- 최근 12년 간 약 10억 명이 증가한 것으로 보아 40년 후에는 약 40억 명이 증가해 약 110억 명 정도 일 것 이다.
- 환경, 식량 등의 문제로 인해 인구가 증가하는 정 도가 감소해 약 90억 명 정도일 것이다.

해설

인구를 예상한 근거가 타당해야 한다.

2 예시답안

- 비료를 개발해 생산량을 늘린다.
- 식량이 남는 곳의 지역은 식량이 부족한 지역에 식량을 후원한다.
- 생명공학 기술을 이용해 병에 강하고 척박한 환경 에서도 잘 자라는 식물을 만든다.

해설

과학 기술에 의한 식량 생산 증가는 굶주림에서 벗 어나게 한다.

뚱뚱한 미어캣이 대장

1 예시답안

- 뚱뚱한 미어캣이 힘이 세기 때문이다.
- 뚱뚱하고 덩치가 큰 미어캣의 새끼가 뚱뚱하고 덩치가 클 확률이 높기 때문이다.
- 뚱뚱하고 덩치가 큰 미어캣은 다른 미어캣이나 천적에게 위협적일 수 있기 때문이다.

 2 예시답안

- 짝을 쉽게 구할 수 있다.
- 새끼를 함께 기를 수 있다.
- 텃세권을 쉽게 지킬 수 있다.
- 집단 사냥하여 먹이를 쉽게 구할 수 있다.
- 천적의 공격을 함께 효과적으로 막을 수 있다.
- 망을 보는 보초병을 세워 천적의 접근을 쉽게 알 수 있다.

해설

곰이나 호랑이처럼 혼자 사는 동물은 넓은 지역을 혼자 차지하고 동료들과 치열한 경쟁을 하지 않고 사냥한 먹이를 독차지할 수 있다는 좋은 점이 있다. 하지만 혼자 사냥하므로 사냥에 실패하면 굶고 지내야 한다. 꿀벌과 개미처럼 무리 지어 사는 동물은 끊임없이 의사소통하고 계급에 따라 역할이 명확하게 구분되어 있다. 갈매기, 백로 등은 필요할 때만 무리를 지어 생활한다. 주로 번식기가 되면 무리 생활을 하며 짝을 찾고 천적의 공격을 함께 방어한다.

 대칭 수

1 모범답안

- $11 \times 11 = 121$
  $11 \times 11 \times 11 = 1331$
- 공통점: 두 식의 계산 결과는 대칭 수가 된다.

 2 모범답안

세 자리 수의 대칭 수를 ◇○◇라 하면 ◇에 들어갈 수 있는 숫자는 1~9의 9개, ○에 들어갈 수 있는 숫자는 0~9의 10개이므로 $9 \times 10 = 90$ (개)이다.

해설

◇○◇에서 백의 자리에는 0이 들어갈 수 없으므로 ◇에 들어갈 수 있는 숫자는 1~9의 9개이고 ○에 들어갈 수 있는 숫자는 0~9의 10개이다.

43 기수법

1

모범답안

326553의 6은 6000, 512362의 6은 60을 나타낸다.

해설

자리 수에 따라 각 숫자가 나타내는 값이 다르다.

STEAM 2

예시답안

• 수를 쉽게 비교할 수 있다.
• 사칙연산을 쉽게 계산할 수 있다.
• 자리 수에 따라 큰 수를 표현할 수 있다.
• 10개의 숫자로 모든 수를 표현할 수 있다.
• 0이 있어 10, 100과 같은 수를 표현할 수 있다.

해설

인도—아라비아 숫자는 현재 우리가 편리하게 쓰고 있는 숫자이다. 인도—아라비아 숫자가 생겨나기 전에는 나라마다 숫자와 계산법이 달랐다. 인도—아라비아 숫자는 4세기경 인도에서 처음 만들어졌고 다른 숫자들에 비해 편해서 아라비아 상인들에 의해 널리 전파되었다. 우리나라에는 조선 시대 말기에 전파되어 사용하기 시작했다. 인도—아라비아 숫자는 1, 2, 3, 4, 5, 6, 7, 8, 9의 9개의 숫자와 기호 0이며, 이 숫자가 유럽에 알려진 이후 셈이나 수의 기록이 아주 편리하게 되었다.

44 소변으로 만든 맥주

1

모범답안

1 L=1000 mL이므로
1000 L=1000×1000=1000000 mL이다.
1000000÷200=5000 (명)
즉, 5000명의 소변을 모아야 한다.

STEAM 2

예시답안

• 농촌 지역에서 식수와 비료를 동시에 만드는 용도로 사용한다.
• 물이 부족한 아프리카 사람들의 식수를 만드는 용도로 사용한다.
• 우주선에 설치해 우주비행사들의 식수를 만드는 용도로 사용한다.
• 식수 공급이 불안정한 개발도상국에서 식수를 만드는 용도로 사용한다.
• 사람들이 많이 모이는 지하철역이나 공연장 등에 설치해 물을 재활용한다.

해설

소변에 든 칼륨이나 질소, 인 등의 성분이 분리되면서 깨끗한 물을 얻을 수 있다. 또, 걸러진 질소, 인 등의 영양분은 비료로 활용할 수 있으므로 농사에 도움이 된다. 여과기는 친환경 에너지를 이용해 움직일 수 있고, 전기가 들어오지 않는 지역에서도 사용할 수 있다.

정답 및 해설

45 세상을 정복한 민족

1

모범답안

비만 유전자를 가진 사람의 비율이 일정하므로

$52 \times \dfrac{1}{4} = 13$ (명)일 것이다.

STEAM 2

예시답안

• 사모아인은 긴 항해로 식량이 부족한 경우에도 비만 유전자로 인해 다른 부족보다 오랫동안 버틸 수 있었기 때문이다.

• 사모아인은 비만 유전자로 인해 지방을 많이 축적하고 있어 몸집이 크고 근육이 많아 운동 신경이 좋고 힘이 세기 때문이다.

해설

실제 사모아인들이 넓은 섬들을 정복할 수 있었던 이유로 뛰어난 항해술과 비만 유전자를 꼽는 학자들이 많다. 사모아인의 비만 유전자는 먹을 것이 부족했던 원시시대부터 내려온 형질이다. 사모아인이 남태평양을 정복할 때 섬 사이 항해와 새로운 섬에서의 정착 과정을 견뎌내야 했는데, 그 과정에서 영양상태가 좋지 않아도 비만 유전자 때문에 견딜 수 있었다. 현재 사모아인은 럭비, 미식축구, 격투기 등 격한 스포츠 선수로 많이 활동하고 있다.

46 마인드맵

1

예시답안

수, 숫자, 연산기호, 산수, 시험, 문제, 과학, 사각형, 확률, 규칙, 길이, 시간, 함수, 비례식 등

STEAM 2

예시답안

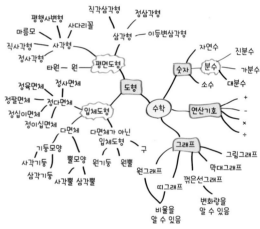

47 가장 막히는 도로는?

1 모범답안

강남대로, 서울외곽순환고속도로, 올림픽대로, 강변북로

해설

161741 > 158952 > 135924 > 122225이므로 교통체증이 심한 도로 순서는 교통량이 많은 강남대로, 서울외곽순환고속도로, 올림픽대로, 강변북로 순이다.

STEAM 2 예시답안

• 도시계획을 세울 때 참고해 교통체증을 줄일 수 있다.
• 사람들의 이동 방향과 시간을 분석해 카풀 서비스를 한다.
• 사람들의 이동 방향과 시간을 분석해 새로운 대중교통 노선을 만든다.
• 사람들의 이동 방향과 시간을 분석해 새로운 대중교통을 만든다. –콜버스 등
• 교통량을 분석해 막히는 길을 피해 이동할 수 있도록 내비게이션에 실시간 정보를 제공한다.
• 도로를 새로 건설할 때 교통량 예측 시스템을 도입해 적은 비용으로 효과적인 도로를 건설한다.

해설

1분 동안 구글에서는 200만 건의 검색, 유튜브에서는 72시간의 비디오, 트위터에서는 27만 건의 트윗이 생성된다. 빅데이터는 기존 데이터보다 훨씬 방대하여 기존의 방법이나 도구로 수집, 저장, 분석 등이 어려운 데이터를 뜻한다. 휴대폰 통화량, 카드 결제, 기상정보, SNS 메시지, 인터넷 검색 내역, 도로교통량 등이 모두 빅데이터에 해당된다.

48 동물 분류

1 예시답안

• 일관성이 있어야 한다.
• 기준이 한 가지이어야 한다.
• 분류 기준이 명확해야 한다.
• 전체를 분류할 수 있는 기준이어야 한다.
• 누가 분류하든 같은 결과가 나올 수 있는 객관적인 기준이어야 한다.

해설

• 동물을 분류할 때 기준이 '예쁜 동물과 아닌 것'처럼 주관적이면, 즉 객관적이지 않으면 분류할 때마다 결과가 달라진다.
• 동물을 분류할 때 분류 기준이 '큰 것과 작은 것'처럼 명확하지 않으면 분류하기가 어렵다.

STEAM 2 예시답안

새끼를 낳는 동물	알을 낳는 동물
토끼	펭귄, 도롱뇽, 고등어

다리가 있는 동물	다리가 없는 동물
토끼, 펭귄, 도롱뇽	고등어

해설

• 토끼–포유류: 털로 덮여 있고 새끼를 낳아 젖을 먹여 기른다. 폐로 호흡하고 체온이 일정한 정온 동물이다.
• 펭귄–조류: 깃털로 덮여 있고 알을 낳아 번식한다. 폐로 호흡하고 체온이 일정한 정온 동물이다.
• 도롱뇽–양서류: 몸이 축축하고 알을 낳아 번식한다. 어릴 때는 아가미로 호흡하고 커서는 폐와 피부로 호흡하고 체온이 변하는 변온 동물이다.
• 고등어–어류: 물에 살고 알을 낳아 번식한다. 아가미로 호흡하고 체온이 변하는 변온 동물이다.

정답 및 해설

 49 큐브 퍼즐

1 모범답안

12개

해설

루빅스 큐브에서 2개의 면만 색칠되는 정육면체는 각 모서리의 중앙에 있는 것이다. 따라서 정육면체의 모서리 개수와 같다.

모서리

STEAM 2 예시답안

- 주사위: 모든 면의 수가 나올 가능성이 같아야 하기 때문이다.
- 쌓기 나무, 각설탕, 치킨 무, 공간박스, 정육면체 모양 수박: 어느 방향으로든 쌓을 수 있어야 하기 때문이다.
- 인공어초, 공간박스, 선물 상자: 최소의 재료로 부피를 크게 만들 수 있기 때문이다.

해설

정육면체는 가로, 세로, 높이가 모두 같고, 정사각형으로 둘러싸여 있는 모양이다. 정육면체 모양은 방향에 관계없이 차곡차곡 쌓을 수 있어 보관이 편하다.

 50 녹색 신호등의 시간

1 모범답안

20÷1=20 (초)이다.

해설

일반 보행자가 걷는 속도는 1초당 1 m, 어린이나 노인이 걷는 속도는 1초당 0.8 m로 계산한다. 20 m 도로의 횡단보도는 녹색 신호 시간이 일반 보행자 기준으로는 20초이지만, 어린이보호구역이나 노인보호구역에서는 20÷0.8=25 (초)로 늘어난다.

STEAM 2 예시답안

- 횡단보도 앞 바닥에 LED를 설치한다.
- 횡단보도 앞에 방지턱을 설치해 속도를 줄이도록 한다.
- 멀리서도 볼 수 있도록 빛이 밝은 LED 신호등으로 바꾼다.
- 신호등 옆에 남은 시간을 숫자 또는 화살표 개수로 표시한다.
- 초등학교 횡단보도 주변 바닥과 벽에 노란색을 칠하거나 알루미늄 스티커를 설치해 잘 보이도록 한다.
- 노인이나 어린이가 횡단보도를 건널 경우 교통 약자 카드를 대면 충분히 건널 수 있게 녹색 신호 시간이 늘어나도록 한다.
- 횡단보도 앞에 횡단보도를 3D 형태로 그려 운전자가 봤을 때 횡단보도가 마치 막대기를 세워놓은 것처럼 보이게 하여 속도를 줄이도록 한다.

▲ 숫자 신호등　　▲ 3D 횡단보도

영재성검사 창의적 문제해결력

기출문제
정답 및 해설

정답 및 해설

1 예시답안

- 10=1+9
- 10=2+8
- 10=3+7
- 10=4+6
- 9=1+8
- 9=2+7
- 9=3+6
- 9=4+5
- 8=1+7
- 8=2+6
- 8=3+5
- 7=1+6
- 7=2+5
- 7=3+4
- 6=1+5
- 6=2+4
- 5=1+4
- 5=2+3
- 4=1+3
- 3=1+2

해설

덧셈식을 이용해 측정할 수 있는 무게의 식을 만든다.

2 모범답안

수요일 오후 4시 30분

해설

수요일 오후 3시 30분 인천을 출발한 비행기가 14시간을 날아서 토론토에 도착했으므로 우리나라 시각으로 토론토에 도착한 시간은 목요일 오전 5시 30분이다. 토론토는 우리나라보다 13시간 느리므로 토론토 시각을 기준으로 비행기가 토론토에 도착한 시간은 수요일 오후 4시 30분이다.
(우리나라에서 출발한 시각)+14시간−13시간
=(토론토에 도착한 시각)이다.

3 모범답안

3000원

해설

26개의 동전을 9개, 9개, 8개의 3묶음으로 나누어 9개의 2묶음을 양팔저울의 접시에 각각 1묶음씩 올려놓는다. 양팔저울이 균형을 이루면 남아있는 8개의 묶음에 가짜 동전이 있고, 양팔저울이 기울어지면 올라간 묶음에 가짜 동전이 있다.

① 9개의 묶음에 가짜 동전이 있는 경우

3개씩 3묶음으로 나누어 2묶음을 양팔저울의 접시에 각각 1묶음씩 올려놓는다. 양팔저울이 기울어지면 올라간 묶음에 가짜 동전이 있고, 균형을 이루면 남아 있는 묶음에 가짜 동전이 있다. 가짜 동전이 있는 묶음의 동전 3개 중에서 양팔저울의 접시에 각각 1개씩 올려놓고 위와 같은 방법으로 생각하면 양팔저울을 1번 사용하여 가짜 동전을 찾아낼 수 있다.

즉, 양팔저울을 총 3번 사용하면 가짜 동전을 찾아낼 수 있다.

② 8개의 묶음에 가짜 동전이 있는 경우

2개, 3개, 3개의 3묶음으로 나누어 3개의 2묶음을 양팔저울의 접시에 각각 1묶음씩 올려놓는다. 양팔저울이 균형을 이루면 남아있는 2개의 묶음에 가짜 동전이 있고, 기울어지면 올라간 묶음에 가짜 동전이 있다. 3개의 묶음에 가짜 동전이 있으면 ①과 같은 방법으로 저울을 1번 사용하면 가짜 동전을 찾아낼 수 있고, 2개의 묶음에 가짜 동전이 있으면 양팔저울에 동전을 각각 한 개씩 올려놓고 가짜 동전을 찾아낼 수 있다. 즉, 양팔저울을 총 3번 사용하면 가짜 동전을 찾아낼 수 있다.

①, ②에서 양팔저울을 3번 사용하면 26개의 동전 중 가짜 동전을 찾아낼 수 있으므로 양팔저울을 사용하는 데 필요한 최소한의 돈은
3×1000=3000 (원)이다.

4 모범답안

〈가〉 □×10 , 〈나〉 15, 〈다〉 없음

해설

10, 20, 30의 수를 포함하므로 〈가〉는 □×10 이다.
〈나〉는 3의 배수이면서 5의 배수이고, 30을 제외한
수이므로 15이다. 〈다〉는 1~30까지의 수에서 10의
배수이면서 10, 20, 30을 제외한 수이므로 해당 수
는 없다.

5 예시답안

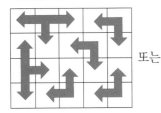

또는

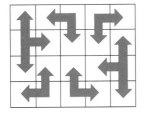

해설

〈보기〉 판에서 □의 개수는 4×5＝20 (개)이고, □
의 개수가 (가)는 3개, (나)는 4개이다.
(나)만을 사용하여 판을 빈틈없이 덮으려면 (나)를 5개
사용하면 된다. 그러나 (나)의 모양으로는 빈틈없이
덮을 수 없다.
그 다음으로 도형을 최소한으로 사용하는 방법은
(가) 4개, (나) 2개이다.

예시답안 이외에 빈틈없이 판을 덮는 방법은 여러 가
지 있다.

6 모범답안

(1) 43

(2) 15, 17, 23, 29, 31

해설

(1) 첫 번째 토요일은 6일이고 6주 전 수요일은
6×7+3＝45 (일) 전이다. 12월 6일에서 5일 전
은 12월 1일이고, 12월 1일에서 30일 전은 11월 1일
이며, 11월 1일에서 10일 전은 10월 22일이다.
한편, 첫 번째 토요일은 6일이고 6주 후 수요일
은 6×7+4＝46 (일) 후이다.
12월 6일에서 25일 후는 12월 31일이고, 12월 31
일에서 21일 후는 1월 21일이다.
따라서 구하는 두 날짜를 더한 값은 22+21＝43
이다.

(2) 가운데 칸의 수를 □라 하면
윗줄의 두 칸의 수는 각각 □−8, □−6이고, 아
랫줄의 두 칸의 수는 각각 □+6, □+8이다.
5칸의 수를 모두 더하면
□−8+□−6+□+□+6+□+8＝115,
5×□＝115, □＝23이다.
따라서 선택한 5칸의 수는 15, 17, 23, 29, 31
이다.

7 모범답안

가장 큰 값: 8577
가장 작은 값: 177

해설

가장 큰 값의 경우는 종이 띠를 4번 잘랐을 때 나올
수 있는 다섯 개의 수 중 네 자리 수가 가장 크게 나
오도록 자르면 된다. 즉, 4+1+2+8563+7＝8577
이다.
가장 작은 값의 경우는 종이 띠를 4번 잘랐을 때 나
올 수 있는 다섯 개의 수 중 두 자리 수가 작게 나오
도록 자르면 된다. 즉, 4+12+8+56+37＝117 또는
41+28+5+6+37＝117이다.

정답 및 해설

8 예시답안

- 추위를 이기기 위해 무리지어 생활했을 것이다.
- 보호색으로 몸에 난 털이 하얀색이었을 것이다.
- 추위를 견디기 위해 여러 겹의 털이 자랐을 것이다.
- 열이 빠져나가는 것을 막기 위해 몸이 둥글둥글해졌을 것이다.
- 추위를 견디기 위해 몸에 두꺼운 지방층이 생겨 몸집이 컸을 것이다.
- 낙타처럼 먹이를 먹으면 지방 덩어리를 모아서 어깨에 혹으로 모아놓았을 것이다.
- 체온이 빠져나가지 않도록 표면적을 줄이기 위해 귀의 크기가 작고, 꼬리도 짧았을 것이다.
- 펭귄처럼 원더네트(열교환 구조)나 혈액을 많이 흐르는 구조의 발을 갖고 있어 얼지 않았을 것이다.

해설

추운 북극 지방에서 코끼리가 살았다면 매머드와 비슷한 모습으로 추위를 이겨냈을 것이다. 몸의 표면적을 줄여 체온을 유지하고, 발이 얼지 않는 구조로 환경에 적응했을 것이다.

9 모범답안

(1) ① 소리가 더 잘 들리는 방: 텅 비어 있는 방
　　② 그 이유: 방 안에 물건이 있으면 소리가 물건에 흡수되어 감소되거나 물건에 여러 번 반사되어 소리의 크기가 줄어들기 때문이다.
(2) ・음악 소리의 크기
　　・나무판과 스티로폼판을 기울이는 각도
　　・듣는 사람의 위치

해설

빈 방에서 직접 귀로 전달된 소리와 벽에 반사된 소리의 시간 차이로 인해 메아리가 생겨 소리가 울린다.

10 예시답안

(1) ① 사용해야 할 지도: 〈나〉 지도
　　② 그 이유: 〈가〉 지도는 둥근 지구를 평면으로 만들었으므로 극지방이 늘어나 더 넓어 보이기 때문이다.
(2) ・지도를 잘라 바다와 육지를 구분한 후 무게를 측정해 비교한다.
　　・지도 위에 모눈종이를 덮고, 바다와 육지에 해당하는 칸을 세어 비교한다.
　　・지도에 일정한 간격으로 가로줄과 세로줄을 그은 후, 바다와 육지에 해당하는 칸을 세어 비교한다.

해설

〈가〉 지도는 둥근 지구 표면을 평면으로 표현한 것으로, 아주 오래 전 항해용으로 만든 세계 지도이다. 적도를 기준으로 북쪽과 남쪽으로 갈수록 실제보다 면적이 확대되어 넓어 보인다. 예를 들어 지도상에서는 아프리카와 그린란드의 크기가 비슷해 보이지만 실제 아프리카가 그린란드보다 14배 크다. 그러나 〈가〉 지도는 세계 지도를 한눈에 볼 수 있는 장점이 있어 많이 이용된다.
〈나〉 지도는 육지의 모양과 육지와 바다의 면적을 정확하게 만든 지도이다. 하지만 바다가 갈라져 있어 육지와 바다의 관계를 알기 어렵다.

11

(1) 모양

(2) 특징
- 소 위에 상처를 내지 않도록 둥글어야 한다.
- 강한 위산에 녹지 않는 재질로 만들어야 한다.
- 소 위 속에서 돌아다니지 않도록 무거워야 한다.
- 쇳조각을 잘 끌어당기기 위해 자석의 힘이 강해야 한다.
- 소가 삼키기 쉽도록 크기는 작고 가늘고 긴 모양이어야 한다.

해설

소에게 먹이는 자석은 자석의 힘이 강한 알니코 자석이나 네오디뮴 자석을 사용한 둥근 막대 모양으로, 크기는 길이 7~10 cm, 지름 1.5~2.5 cm 정도이다.

12 예시답안

〈공통점〉
- 다리가 6개이다.
- 날개가 2쌍이다.
- 겹눈을 가지고 있다.
- 곤충으로 분류할 수 있다.
- 머리, 가슴, 배로 구분할 수 있다.

〈차이점〉
- 사슴벌레는 초식이고, 잠자리는 육식이다.
- 사슴벌레는 암수 구별이 쉽지만 잠자리는 암수 구별이 어렵다.
- 사슴벌레는 흙 속에 알을 낳지만 잠자리는 물속에 알을 낳는다.
- 사슴벌레는 완전 탈바꿈을 하지만 잠자리는 불완전 탈바꿈을 한다.
- 사슴벌레는 번데기 과정을 거치지만 잠자리는 번데기 과정을 거치지 않는다.
- 사슴벌레 유충(애벌레)은 흙 속에서 생활하지만 잠자리 유충은 물속에서 생활한다.

정답 및 해설

13 예시답안

(1) ① 알 수 있는 사실: 공기는 일정한 공간을 차지
한다.

② 이를 확인할 수 있는 다른 실험 방법: 물위에
병뚜껑을 띄운 후 컵을 뒤집어 물 속으로 눌러
본다. 공기는 일정한 공간을 차지하고 있기 때
문에 병뚜껑이 컵과 함께 아래로 내려간다.

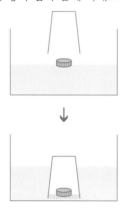

(2) ① 에어백

② 광고 풍선

③ 공기 안전매트

④ 물놀이용 튜브

⑤ 공기를 넣은 축구공

⑥ 질소 기체를 넣은 과자 봉지

14 예시답안

• 애벌레의 움직임을 본떠 지진, 폭발, 화재 등 재난
현장에서 좁은 공간으로 들어가 탐색하는 웜 로봇
을 만들었다.

〈애벌레〉

↓

〈웜 로봇〉

• 지렁이의 움직임을 본떠 미끌미끌한 내장을 움직
이며 진단하는 내시경 로봇을 만들었다.

〈지렁이〉

↓

〈내시경 로봇〉

• 공벌레의 생체적 특징을 반영하여 몸을 스스로 말
았다가 펼침으로써 변신 가능하고, 공 모양으로
빠르게 정찰 위치로 투척하고 정찰 위치에서 펼쳐
지는 정찰 로봇을 만들었다.

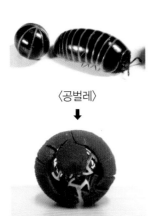

〈공벌레〉

↓

〈정찰 로봇〉

- 실제 치타의 몸 구조를 모방하여 고속으로 주행하
  는 치타 로봇을 만들었다.

〈치타〉

↓

〈치타 로봇〉

메모

STEAM
창의사고력
수학 100제 초등

시대에듀와 함께 꿈을 키워요!

www.sdedu.co.kr

안쌤의 STEAM+창의사고력 수학 100제 초등 3학년

초 판 2 쇄	2024년 08월 05일 (인쇄 2024년 06월 21일)
초 판 발 행	2023년 03월 03일 (인쇄 2022년 12월 27일)
발 행 인	박영일
책 임 편 집	이해욱
편 저	안쌤 영재교육연구소
감 수	김단영
편 집 진 행	이미림
표 지 디 자 인	박수영
편 집 디 자 인	홍영란 · 채현주
발 행 처	시대에듀
출 판 등 록	제 10-1521호
주 소	서울시 마포구 큰우물로 75 [도화동 538 성지 B/D] 9F
전 화	1600-3600
팩 스	02-701-8823
홈 페 이 지	www.sdedu.co.kr
I S B N	979-11-383-4080-9 (64410)
	979-11-383-4110-3 (64410) (세트)
정 가	17,000원

영재교육원 영재성검사, 창의적 문제해결력 평가 완벽 대비

안쌤의
STEAM + 창의사고력
수학 100제 시리즈

수학사고력, 창의사고력, 융합사고력 향상

창의사고력 3단계 학습법

영재교육원 창의적 문제해결력 기출문제 및 풀이 수록

안쌤의
STEAM
+ 창의사고력
수학 100제

초등 3학년

시대에듀

발행일 2024년 8월 5일 | 발행인 박영일 | 책임편집 이해욱 | 편저 안쌤 영재교육연구소

발행처 (주)시대고시기획 | 등록번호 제10-1521호 | 대표전화 1600-3600 | 팩스 (02)701-8823

주소 서울시 마포구 큰우물로 75 [도화동 538 성지B/D] 9F | 학습문의 www.sdedu.co.kr

⚠ 주 의
· 종이에 베이거나 긁히지 않도록 조심하세요.
· 책 모서리가 날카로우니 던지거나 떨어뜨리지 마세요.

KC마크는 이 제품이 '어린이제품 안전 특별법' 기준에 적합하였음을 의미합니다.

코딩·SW·AI 이해에 꼭 필요한
초등 코딩 사고력 수학 시리즈

- 초등 SW 교육과정 완벽 반영
- 수학을 기반으로 한 SW 융합 학습서
- 초등 컴퓨팅 사고력 + 수학 사고력 동시 향상
- 초등 1~6학년, SW영재교육원 대비

③

④

안쌤의 수·과학 융합 특강

- 초등 교과와 연계된 24가지 주제 수록
- 수학 사고력 + 과학 탐구력 + 융합 사고력 동시 향상

※도서의 이미지와 구성은 변경될 수 있습니다.

안쌤의 신박한 과학 탐구보고서 시리즈

⑤

- 모든 실험 영상 QR 수록
- 한 가지 주제에 대한 다양한 탐구보고서

영재성검사 창의적 문제해결력
모의고사 시리즈

⑥

- 영재교육원 기출문제
- 영재성검사 모의고사 4회분
- 초등 3~6학년, 중등

시대에듀만의 영재교육원 면접
SOLUTION

영재교육원 AI 면접 온라인 프로그램 무료 체험 쿠폰

도서를 구매한 분들께 드리는
특별한 혜택

쿠폰 번호

KHX – 43614 – 15998

유효기간: ~2024년 12월 31일

01 도서의 쿠폰번호를 확인합니다.

02 WIN시대로[https://www.winsidaero.com]에 접속합니다.

03 홈페이지 오른쪽 상단 영재교육원 **AI 면접 배너**를 클릭합니다.

04 회원가입 후 로그인하여 [**쿠폰 등록**]을 클릭합니다.

05 쿠폰번호를 정확히 입력합니다.

06 쿠폰 등록을 완료한 후, [**주문 내역**]에서 이용권을 사용하여 면접을 실시합니다.

※ 무료쿠폰으로 응시한 면접에는 별도의 리포트가 제공되지 않습니다.

영재교육원 AI 면접 온라인 프로그램

01 WIN시대로[https://www.winsidaero.com]에 접속합니다.

02 홈페이지 오른쪽 상단 영재교육원 **AI 면접 배너**를 클릭합니다.

03 회원가입 후 로그인하여 [**상품 목록**]을 클릭합니다.

04 학습자에게 꼭 맞는 다양한 상품을 확인할 수 있습니다.

🗨 KakaoTalk **안쌤 영재교육연구소**

안쌤 영재교육연구소에서 준비한 더 많은 면접 대비 상품
(동영상 강의 & 1:1 면접 온라인 컨설팅)을 만나고 싶다면
안쌤 영재교육연구소 카카오톡에 상담해 보세요.